TRAITÉ

DES

MESURES MÉTRIQUES

(MESURES — POIDS — MONNAIES)

EXPOSÉ SUCCINCT ET COMPLET

Du Système français, métrique et décimal;

Avec une notice historique.

PAR

M. JOSEPH GARNIER

Professeur à l'École impériale des ponts et chaussées
et à l'École supérieure du commerce, etc.

AVEC GRAVURES INTERCALÉES DANS LE TEXTE.

PARIS

CHEZ GARNIER FRÈRES,

RUE DES SAINTS-PÈRES, 6, ET PALAIS-ROYAL, 215.

1859

TRAITÉ

DES

MESURES MÉTRIQUES

AVIS DES ÉDITEURS.

Ce *Traité des poids et mesures métriques*, que l'auteur a publié en une série d'articles dans le *Nouveau journal des Connaissances utiles*, se distingue par la clarté, la méthode et un remarquable ensemble d'intéressantes notions d'une utilité universelle, aujourd'hui que le système métrique et décimal n'est plus exclusivement français, et tend à être adopté dans le monde entier, selon le noble vœu des législateurs français qui l'ont dédié :

A TOUS LES PEUPLES.

TYP. HENNUYER, RUE DU BOULEVARD, 7. BATIGNOLLES.
Boulevard extérieur de Paris.

TRAITÉ

DES

MESURES MÉTRIQUES

(MESURES — POIDS — MONNAIES)

EXPOSÉ SUCCINCT ET COMPLET

Du Système français, métrique et décimal;
Avec une notice historique.

PAR

M. JOSEPH GARNIER

Professeur à l'Ecole impériale des ponts et chaussées
et à l'Ecole supérieure du commerce, etc.

AVEC GRAVURES INTERCALÉES DANS LE TEXTE.

PARIS

CHEZ GARNIER FRÈRES,
RUE DES SAINTS-PÈRES, 6, ET PALAIS-ROYAL, 215.

1859

TRAITÉ

MESURES MÉTRIQUES

CHAPITRE Ier.

DU NOM ET DES AVANTAGES DE CE SYSTÈME DE POIDS ET MESURES.

Le système des poids et mesures dont on se sert en France depuis la Révolution, et dont l'usage, adopté en tout ou en partie dans divers pays, tend à se généraliser tous les jours davantage, au fur et à mesure que les relations des peuples s'étendent et que les préjugés de patriotisme étroit diminuent, s'est appelé SYSTÈME DÉCIMAL, — OU NOUVEAU SYSTÈME DE POIDS ET MESURES, — OU SYSTÈME MÉTRIQUE, parce que toutes les mesures y sont formées avec l'unité de lon-

gueur, appelée MÈTRE [1], ou bien encore
SYSTÈME LÉGAL parce qu'il est le seul dont
l'usage soit reconnu en France devant les
tribunaux, depuis la loi du 4 juillet 1837.

Les avantages de ce système sont les
suivants :

La subdivision de toutes les unités,
grandes ou petites, en *dixièmes*, — *centièmes*, — *millièmes*, etc., c'est-à-dire en
fractions décimales, dont le calcul est si
facile ;

La formation de multiples ou mesures
plus grandes dans le même système ;

Un rapport simple et décimal de toutes
les unités à l'unité de mesure, d'où résulte
un rapport simple et décimal de toutes les
mesures entre elles et une grande facilité
pour convertir les unes en les autres ;

Une nomenclature facile et courte, c'est-
à-dire l'emploi d'un petit nombre de mots
pour désigner les multiples et les subdivisions de toutes les unités;

La possibilité d'écrire et d'énoncer un

---

[1] Du grec *metron*, mesure.

nombre sous la forme de chaque multiple ou de subdivision de l'unité.

Tandis que les anciennes mesures de la France et celles de la plupart des autres pays :

Ont des subdivisions variées et irrégulières, nécessitant les calculs des *fractions ordinaires* ou des *nombres complexes* infiniment plus compliqués que ceux auxquels donnent lieu les *fractions décimales*, et qui ne diffèrent pour ainsi dire pas des opérations ordinaires des nombres entiers ;

Varient, en quantité innombrable, selon les localités, et suivant les choses à mesurer ou à peser ;

Ont une multiplicité de noms difficiles à retenir et sans liaison entre eux ;

N'ont entre elles, la plupart du temps, que des rapports irréguliers rendant le calcul de tête à peu près impossible, et les conversions des mesures entre elles longues et difficiles.

Il y a, en un mot, entre le système des mesures métriques et tous les autres systèmes, la différence qu'il y a entre un mécanisme simple et un mécanisme très-compliqué.

Nous allons successivement parler :

Des *mesures de Longueur*, y compris les mesures *itinéraires* ou des grandes longueurs;

Des *mesures de Superficie*, pour mesurer les surfaces des corps (longueur et largeur), y compris les mesures *agraires*, pour mesurer les surfaces des champs, et les mesures *géographiques* pour apprécier les grandes surfaces des pays ;

Des *mesures de Volume*, pour mesurer les volumes (longueur, largeur, hauteur ou profondeur) des corps solides, la capacité des vases contenant des liquides, des graines, des gaz, etc.;

Des *mesures de Poids* ou simplement des *poids*, pour mesurer la pesanteur des objets qu'on apprécie de cette manière;

Des *mesures de Monnaies*, ou simplement des *monnaies*, disques d'or, d'argent, de billon ou de cuivre, dont la valeur sert de mesure à la valeur de tous les produits, de tous les travaux, de tous les services.

Les Unités principales de ce système sont au nombre de Dix (se réduisant à Six [1]);

Le *Mètre* et le *Kilomètre* (qui tend à remplacer le *Myriamètre* pour les Longueurs ;

Le *Mètre carré* et l'*Are* pour les Surfaces;

Le *Mètre cube* et le *Stère* pour les Volumes ;

Le *Litre* et l'*Hectolitre* pour les Capacités;

Le *Gramme* et le *Kilogramme* pour les Poids ;

Le *Franc* pour les Monnaies.

Ce sont là les *mesures de compte*, existant dans la pensée, pour les évaluations et les calculs ; mais pour mesurer les dimensions, les volumes, les capacités, les poids, les sommes de monnaies, on construit des mesures dites *réelles* ou *effectives*, valant un certain nombre de fois (1, 2, 5, 10, 20, 50) les unités de compte ou représentant des

---

[1] On comptait 45 unités différentes dans les anciennes mesures de Paris, usitées avant la réforme.

1.

subdivisions de ces unités. Ces mesures réelles, choisies d'après l'analogie avec les anciennes mesures correspondantes et d'après leur usage, sont déterminées par la loi.

CHAPITRE II.

NOMENCLATURE DES MESURES MÉTRIQUES.

Dans le système métrique, toute unité de mesure (longueur, surface, volume, capacité, poids, monnaie) a des multiples décimaux et des sous-multiples ou subdivisions également dans le système décimal, c'est-à-dire que les multiples et sous-multiples sont de dix en dix fois plus grands ou plus petits que l'unité principale.

Les multiples ont été formés comme suit :

	Noms[1].	Signes.
10 fois l'unité forme le	DÉCA	D
100 fois l'unité		
ou 10 fois le *déca* forme l'	HECTO	H
1000 fois l'unité		
ou 10 fois l'*hecto*		
ou 100 fois le *déca* forme le	KILO	K
10000 fois l'unité		
ou 10 fois le *kilo*		
ou 100 fois l'*hecto*		
ou 1000 fois le *déca* forme le	MYRIA	M

[1] D'après les mots grecs : *déca*, dix ; *hécaton*, cent ; *chilioi*, mille ; *muria*, dix mille.

Passé 10,000 on se sert du nom ordinaire du nombre.

Les sous-multiples ou subdivisions ont été appelés :

	Noms.	Signes.	Valeur.
Les dixièmes de l'Unité	*déci*	d.	0,1
Les centièmes ou dixièmes de dixièmes	*centi*	c.	0,01
Les millièmes ou dixièmes de centièmes ou centièmes de dixièmes	*milli*	m.	0,001
Les dix-millièmes ou dixièmes de millièmes ou centièmes de centièmes ou millièmes de dixièmes	*dix-milli*	d-m.	0,0001

Passé les dix-millièmes, et le plus souvent les millièmes, on se sert du nom ordinaire de la fraction décimale.

Les multiples s'écrivent comme les entiers, les subdivisions comme les fractions décimales. Exemple :

$$5\ 9\ 8\ 7\ 6, 2\ 3\ 1$$

myria · kilo · hecto · déca · unité · déci · centi · milli

Cette échelle s'applique plus ou moins

complétement à chacune des unités de
mesure de compte indiquées ci-dessus
(p. 9), et dont il est parlé en détail dans
chacun des chapitres suivants.

Il y a dans ce nombre :

5 MYRIA et une fraction de
9.876.231 dix-millionièmes de MYRIA ;
59 KILO et une fraction de
876.231 millionièmes de KILO;
598 HECTO et une fraction de
76.231 cent-millièmes d'HECTO;
5.987 DÉCA et une fraction de
6.231 dix-millièmes de DÉCA ;
59.876 UNITÉS et une fraction de
231 millièmes d'UNITÉS ;
598.762 *Déci* et une fraction de
31 centièmes de *Déci* ;
5.987.623 *Centi* et une fraction de
1 dixième de *Centi.*
59.876.213 *Milli.*

Ainsi, un nombre d'une mesure ou d'un
poids quelconque étant donné, un simple
changement de virgule le transforme en un
nombre d'unités désirées supérieures ou
inférieures.

En d'autres termes, étant donné des

Hecto, on peut mettre le même nombre sous forme de Kilo, de Déca, de Centi, d'Unités simples, etc., sans altérer le nombre, qui change de nom, mais qui ne change pas quant au fond, car c'est toujours la même quantité évaluée en unités différentes.

S'il n'y a pas de fractions décimales, la même transformation s'opère en ajoutant ou en retranchant des zéros, comme dans les exemples suivants :

8760 UNITÉS

équivalent à 87600 DÉCI,

876 DÉCA,

8 KILO et 760 millièmes de Kilo,

ou 76 centièmes de Kilo.

On conçoit que pour pouvoir se familiariser avec cette nomenclature, il ne faut pas hésiter sur le maniement de la virgule et des zéros, et avoir une notion nette de la numération des nombres entiers et des fractions décimales, point de départ de l'arithmétique. Inutile de vouloir comprendre à fond le système métrique sans

cela : avant de chercher à lire, il faut connaître ses lettres et savoir assembler des
syllabes.

Telle est la nomenclature complète des
multiples et sous-multiples du système
métrique décimal applicable à toutes les
mesures, mais que l'usage n'a cependant
pas tous consacrés, par suite de la nature
des choses et des habitudes prises, ainsi
que cela sera indiqué dans les chapitres
suivants.

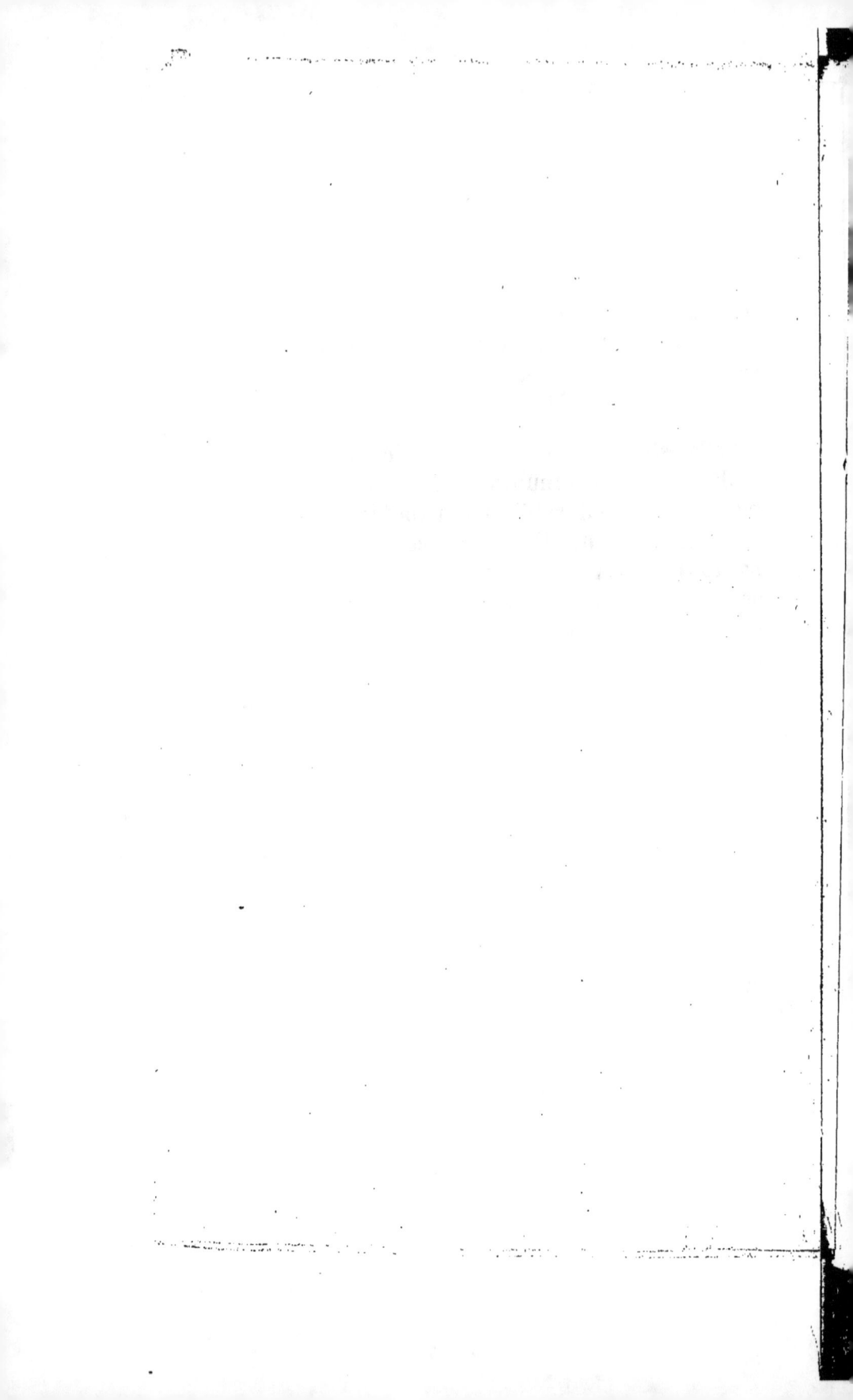

CHAPITRE III.

MESURES LINÉAIRES OU DE LONGUEUR. — MESURES ITINÉRAIRES ET GÉOGRAPHIQUES.

L'unité de longueur, ou, en d'autres termes, la longueur qui sert à mesurer les longueurs, et qui a servi d'étalon pour établir toutes les autres mesures, est une fraction de la circonférence de la Terre, — la quarante-millionième partie de cette circonférence, — ou mieux, la *dix-millionième partie* $\left(\frac{1}{10.000.000}\right.$ ou $0,0000001\left.\right)$ *du quart de la circonférence de la Terre* mesurée à l'aide des moyens qu'ont pu fournir la physique et la géométrie, — et appelée **Mètre** [1], m. (V. *fig.* 1.)

On a pris cette petite longueur pour avoir une quantité fixe et la moins variable possible. On l'a prise dans la nature pour ne blesser aucun amour-propre na-

---

[1] De *metron*, mesure, en grec.

tional. On a pris une si petite quantité,
parce qu'elle s'est trouvée être à peu près

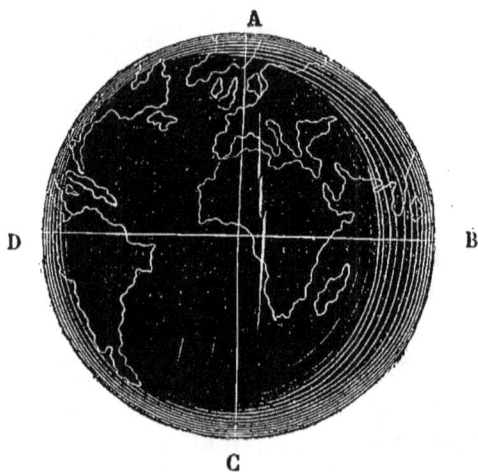

Fig. 1. Globe terrestre sur lequel on a pris
la dimension du mètre.

A B C D, circonférence de la terre ou Méridien. —
AB, BC, CD, DA, quarts du méridien ayant chacun
une longueur de 10.000.000 de mètres. — DB, ligne
conventionnelle autour de la terre, appelée Equateur et partageant la terre en ses deux hémisphères
(ou demi-sphères).

la moitié de l'ancienne mesure de longueur principale, la *Toise*.

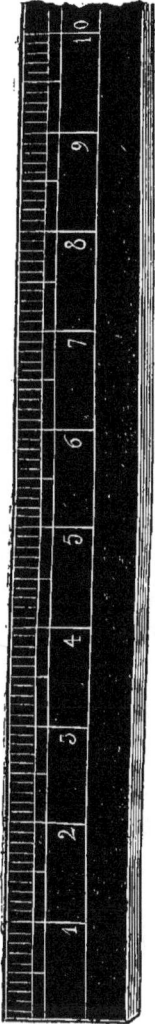

Fig. 2. Décimètre, 0m,1 (grandeur naturelle), subdivisé en centimètres et millimètres.

La figure 2 représente exactement la dixième partie du mètre; c'est-à-dire que dix fois la longueur de cette figure reproduit la dix-millionième partie de la circonférence de la terre; c'est-à-dire qu'il y a 10 millions de mètres dans chaque quart de la circonférence de la terre (10,000,000 de mètres de A en B, de B en C, de C en D, de D en A, *fig.* 1); — et que toute ligne faisant le tour de la terre, en passant par les deux pôles, que les géographes appellent un *méridien* [1], a 40 millions de mètres ou 400 millions de fois la figure 2.

[1] Ce qui fait encore définir le Mètre *la dix-millionième partie du quart du méridien.*

En appliquant la nomenclature indiquée
ci-dessus (p. 12) au Mètre, dont le signe
est : m, on a :

	Signes.	Valeur.
Le MYRIAmètre	Mm =	10.000 mètres
Le KILomètre	Km =	1.000
L'HECTOmètre	Hm =	100
Le DÉCAmètre	Dm =	10
Le MÈTRE	m =	1
Le *déci*mètre	*dm* =	0,1 ou 1/10 de mètre.
Le *centi*mètre	*cm* =	0,01 ou 1/100 —
Le *milli*mètre	*mm* =	0,001 ou 1/1000 —

Le mètre, le décimètre et le centimètre
servent à mesurer les tissus et la dimension dans la plupart des circonstances.
Pour les appréciations tout à fait exactes
dans la mécanique, etc., on pousse la division jusqu'au millimètre.

Dans l'arpentage, on emploie une chaîne
qui a un décamètre, ou 10 mètres.

Tout nombre représentant des mètres,
ou bien des multiples et des subdivisions
du mètre, s'énonce comme un nombre
entier avec fractions décimales, et peut,
par le déplacement de la virgule, l'addition

ou la suppression de zéros[1], être converti en un autre nombre de n'importe quel multiple ou sous-division ; c'est ce qu'indiquent les mutations suivantes, qui ne sont autres que celles indiquées plus haut (p. 13) d'une manière générale, et appliquées spécialement au mètre.

59Km,876 — lisez 59 kilomètr. et 876 millièmes de Km.
ou 876 mètres,

    Correspondant à

5Mm,9876 — lisez 5 myriam. et 9.876 dix-mill. de Mm.
ou 9.876 mètres.

    Correspondant encore à

59.876m — lisez 59.876 mètres.

59m,876 — lisez 59 mètres et 876 millimètres,
ou 876 millièmes de mètre.

    Correspondant à

598dm,76 — lisez 598 décimèt. et 76 cent. de décimètre
59.876mm — lisez 59.876 millimètres.

[1] On sait qu'un nombre fractionnaire décimal auquel on ajoute ou duquel on retranche un ou plusieurs zéros ne change pas de valeur, tout en s'énonçant différemment : 0,6 = 0,60 ou 6 dixièmes valent 60 centièmes, parce que chaque dixième vaut 10 centièmes.

Mesures de longueur réelles ou effectives.

Celles que la loi autorise sont :

Le Double décamètre (20 m.) ; — le Décamètre ou chaîne d'arpenteur (10 m.) ; — le Demi-décamètre (5 m.) en chaînes. (La chaîne d'arpenteur est formée de tiges droites en fil de fer, dites *chaînons*. Chaque mètre se compose de 5 chaînons de 2 décimètres réunis par des anneaux de fer. On distingue les mètres par des chaînons de cuivre.)

Le Double mètre (2 m.) ; — le Mètre ; — le Demi-mètre ou 5 décimètres ; — le Double décimètre et le Décimètre, en règles plates divisées en décimètres, et le premier décimètre divisé en millimètres, comme à la figure 2, page 19. Ces mesures doivent être construites en métal, en bois ou autre matière solide, avec garnitures de métal adaptées aux extrémités.

Il y a des mètres et des demi-mètres pliants ou brisés, pour la poche ; mais le nombre des parties doit être de 2,5 ou 10.

Le nom propre de chaque mesure (de longueur et autre) doit être gravé sur la face supérieure de la mesure, qui doit aussi porter le nom du fabricant.

Mesures itinéraires et géographiques.

Pour mesurer les grandes longueurs, les distances géographiques et les distances *itinéraires*, ou les longueurs des routes, canaux, chemins de fer, et les distances maritimes, on emploie le Myriamètre, le Kilomètre et l'Hectomètre, — le Kilomètre de préférence, parce qu'il s'est trouvé être à peu près le quart de l'ancienne *lieue de poste*.

On a disposé sur les routes principales des bornes qui indiquent les distances, savoir :

Les grosses bornes, les kilomètres ou 1.000 mètres.

Les petites bornes, les hectomètres ou 100 —

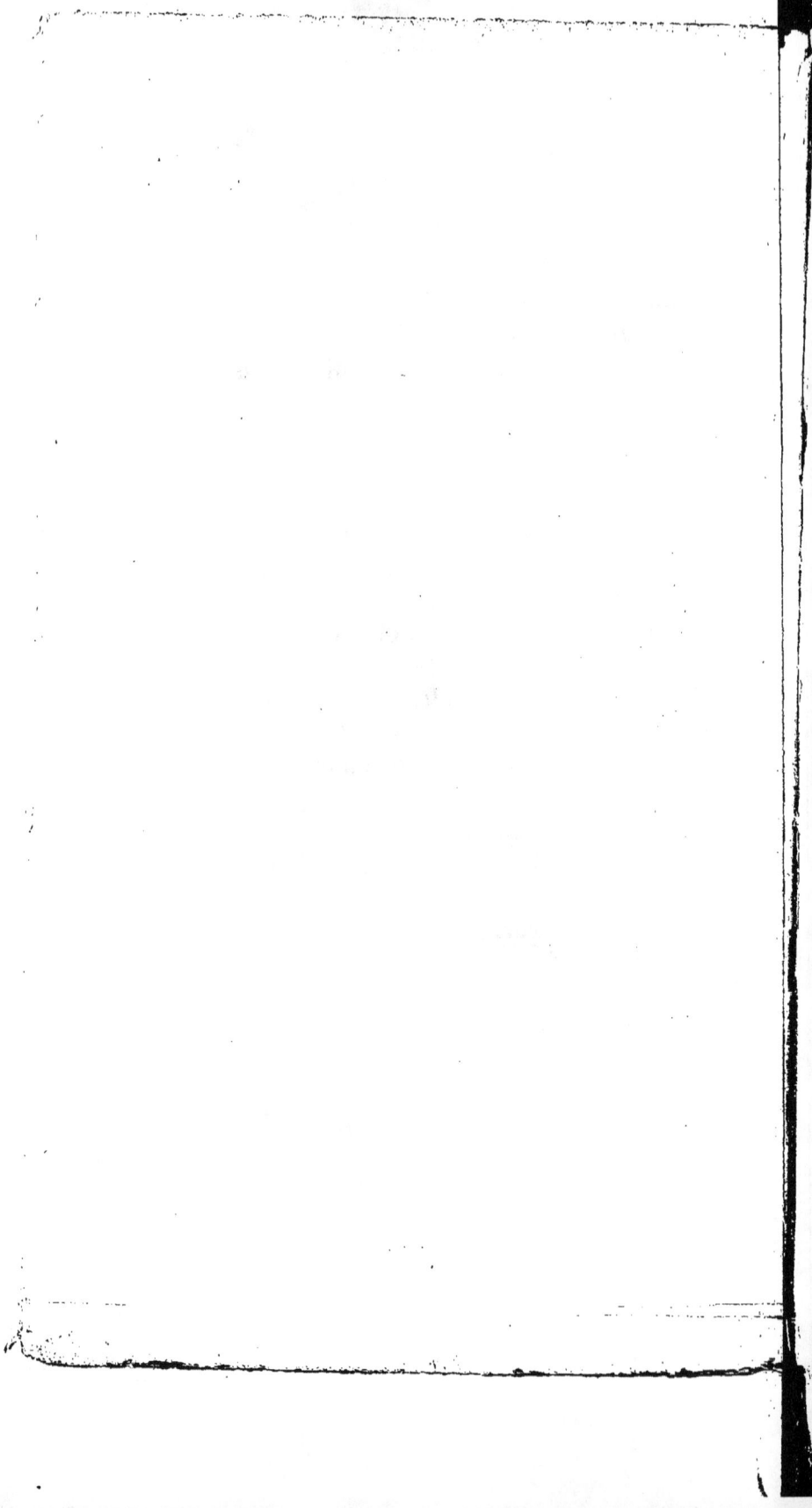

CHAPITRE IV.

MESURES DE SUPERFICIE OU DE SURFACE. — MESURES AGRAIRES.

L'unité de superficie, c'est-à-dire la surface prise pour mesurer les surfaces des corps (longueur et largeur), est une surface de 1 mètre de long sur 1 mètre de large, un carré d'un mètre de côté, appelé **Mètre carré.** — On ajoute aux multiples et aux subdivisions du mètre carré la désignation de carré, et par abréviation : ca, ou : q[1]. Mais ces multiples et ces subdivisions ne sont pas des multiples de 10, comme pour le mètre, mais des multiples de 100 en 100 : le nombre 100 étant le *carré*[2] de 10 ou le

---

[1] De *quarré*, ancienne orthographe de carré, pour ne pas confondre avec le signe : c, désignant le cube (V. p. 35).

[2] Le produit d'un nombre par lui-même s'appelle le *carré* de ce nombre ; 36 est le carré de 6.

produit de 10 par 10. Cette division est
conforme à la nature des surfaces, ainsi
que le prouve la figure suivante, carré
dans lequel chaque côté étant divisé en
10, et les divisions continuées sur toute
la surface, le nombre des carrés obtenus
s'élève à 100.

Si l'on suppose que chaque côté de la
figure 3 est un décimètre, l'ensemble de
la figure représente un décimètre carré
subdivisé en 100 centimètres carrés, quand
chaque côté n'est subdivisé qu'en 10 centimètres. — Si l'on suppose que la figure
représente un mètre carré, chaque petit
carré représentera un décimètre carré; si
l'on suppose que la figure représente un décamètre carré, chaque petit carré représentera un mètre carré, et ainsi de suite.

Il résulte de là que chaque unité supérieure vaut 100 unités de l'ordre suivant,
et n'est que la centième partie de l'ordre
supérieur, c'est-à-dire que le décimètre
carré est la centième partie du mètre
carré; — que le centimètre carré est la
centième partie du décimètre carré ou la

dix-millième partie (100 × 100) d'un mètre

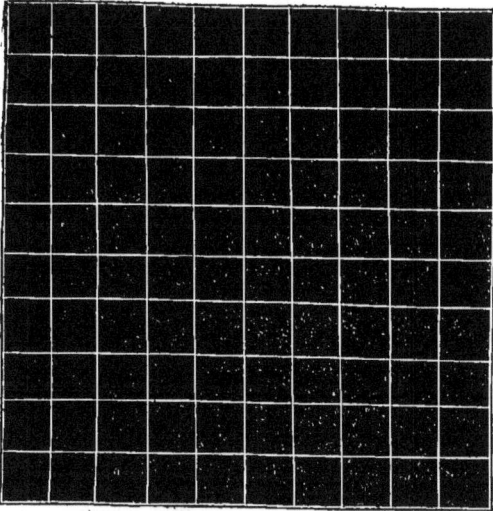

Fig. 3. Demi-centimètre carré, grandeur naturelle.
— Quatre font le centimètre carré.

Carré subdivisé en centièmes pouvant représenter le
  Mètre carré) subdivisé en décimètres carrés, ou le
  Décimètre carré en centimètres carrés, ou le Dé-
  camètre carré, ou l'Are, subdivisé en mètres carrés.

carré ;—que le mètre carré vaut la centième
partie du décamètre carré ; — que le kilo-

mètre carré vaut mille fois mille mètres carrés (1000 × 1000) ou un million de kilomètres carrés; en un mot, que les subdivisions sont de 100 en 100, au lieu d'être de 10 en 10; d'où il résulte qu'il faut deux, quatre ou six chiffres décimaux pour exprimer les décimètres carrés, les centimètres carrés, les millimètres carrés.

C'est ce qu'il importe de ne pas ignorer pour savoir se rendre compte de la valeur relative des unités de surface, et pour savoir écrire et lire les nombres exprimant ces espèces de mesures.

Voici quelques exemples :

9m. ca,56   lisez 9 mètres carrés, 56 décimèt. carrés, ou 56 centièmes de mètre carré, et non 56 centimètres.

9   ,5   lisez 9 mètres carrés, 50 décimèt. carrés, ou 5 dixièmes de mètre carré, et non 5 décimètres.

9   ,5672   lisez 9 mètres carrés, 5.672 centim. carr. ou 5.672 dix-millièmes de m. ca. et non 5.672 dix-millimètres.

9   ,567   lisez 9 mètres carrés, 5.670 centim. carrés. ou 567 millièmes de mètre carré. et non 567 millimètres.

Ainsi, pour exprimer un nombre donné d'unités de surface en autres unités multiples ou sous-multiples, il faut avancer ou reculer la virgule de *deux* rangs, mettre ou retrancher *deux* zéros, sur la droite du nombre, là où il faudrait avancer ou reculer la virgule d'un rang, mettre ou retrancher un zéro, s'il s'agissait des unités de longueur.

Pour évaluer, par exemple, un nombre quelconque de mètres carrés en décimètres carrés, centimètres carrés, millimètres carrés, il faut reculer la virgule de la gauche vers la droite de deux, quatre et six rangs. Exemple :

9m. ca,5672 = 956dm. ca,72 = 95672 centimètres carrés.

Mesures des grandes surfaces.

Pour apprécier les grandes surfaces, celles des pays, par exemple, on prend pour unité le Myriamètre carré : Mm ca, et

2.

le kilomètre carré : Km ca. Ce dernier est le plus usité.

Le Myriamètre carré vaut 100 kilomètres carrés ;

Le Kilomètre carré vaut 1,000,000 mètres carrés (1000×1000).

Le Décamètre carré est l'unité des mesures agraires.

Mesures agraires.

Pour mesurer les surfaces des champs et des terrains en général, on a pris une unité plus grande que le mètre carré, le Décamètre carré, auquel on a donné le nom d'Are[1], a, et qui représente une surface de terre de forme quelconque, mais équivalant à un *décamètre carré*.

Un seul multiple est usité, c'est l'Hectare, qui vaut 100 ares ; — un seul sous-multiple est usité, c'est le Centiare qui vaut 1 mètre carré.

[1] Du latin *area*, surface.

Ces mesures, comparées au Mètre carré, donnent les résultats suivants :

Signes.		Valeur.	
L'HECTARE	Ha = 100 ares	ou	10000 m. ca.
L'ARE	a = 1	ou	100 m. ca.
Le *déciare*	da = 0,1	ou	10 m. ca.
Le *centiare*	ca = 0,01	ou	1 m. ca.

Donc, on peut évaluer les Ares et les Hectares en Mètres carrés, en reculant la virgule vers la droite de deux ou quatre rangs, et réciproquement; — on peut évaluer des mètres carrés en ares ou en hectares en avançant la virgule vers la gauche de deux ou quatre rangs. Exemple :

Ha	59,876	= m. ca.	598.760.
a	59,876	= m. ca.	5.987,6.
m. ca. 3.245,33	= a		32,4533
m. ca. 3.245,33	= Ha		0,324.533.

Mesures réelles des surfaces.

C'est à l'aide des mesures de longueur qu'on évalue les surfaces en mesurant la largeur et la longueur et en les multipliant ensemble d'après les règles qu'indiqué la géométrie.

Pour mesurer les surfaces des champs, on emploie la chaîne des arpenteurs ou Décamètre (V. plus haut, p. 22).

CHAPITRE V.

MESURES DE VOLUME OU DE SOLIDITÉ.
MESURES POUR LES BOIS DE CHAUFFAGE
ET DE CHARPENTE. — MESURES DE CAPACITÉ.

L'unité de volume, c'est-à-dire le solide pris pour mesurer le volume des
corps sur les trois dimensions (Longueur,
Largeur, Épaisseur ou Profondeur), est un
volume d'un mètre de long sur un mètre de
large et un mètre de hauteur, appelé **Mètre cube**. C'est un dé cubique d'un mètre
de côté, dont chacune des six faces a par
conséquent un mètre carré, c'est-à-dire
un mètre de long sur un mètre de large.
On ajoute aux multiples et aux subdivisions du mètre cube la même désigna-
tion de *cube* et par abréviation : c, ou : cu[2].

[1] Les uns mettent : q, pour le carré et : c, pour
le cube ; les autres : ca, pour le carré et : cu, pour
le cube.

Les multiples et sous-multiples du mètre

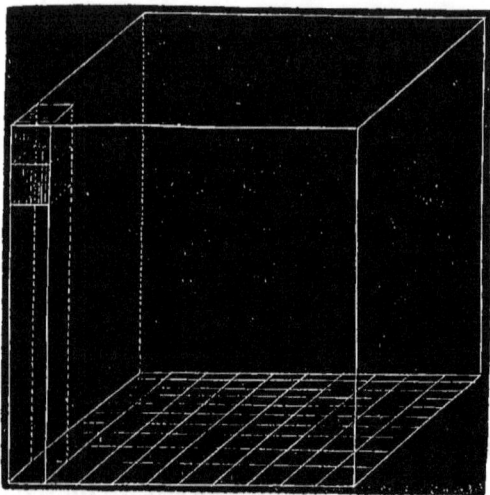

Fig. 4. Cube représentant un mètre cube, avec la surface inférieure divisée en décamètres carrés et un
commencement de division en décimètres cubes;—
ou bien un décimètre cube, avec la même surface
divisée en centimètres carrés et un commencement
de division en centimètres cubes.

cube sont des multiples de 1000 ; le nombre 1000 étant le *cube* [1] de 10 ou le pro-

---

[1] On appelle *cube*, en arithmétique, le produit
d'un nombre deux fois par lui-même.

duit de 10 par 10 et par 10 (10 × 10 × 10). Cette division est conforme à la nature

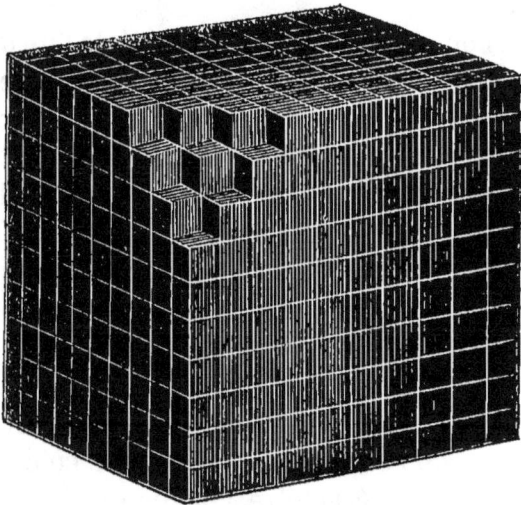

Fig. 5. Mètre cube subdivisé en décimètres cubes, et chaque surface en décimètres carrés, — ou décimètre cube subdivisé en centimètres cubes et chaque surface en centimètres carrés.

des volumes, ainsi que le prouvent les figures 4 et 5, représentant un cube dans lequel, si chaque côté était divisé en 10 et les divisions continuées sur toutes les surfaces et dans l'intérieur du cube, le nombre des cubes obtenus s'élèverait à 1000.

Si l'on suppose que chaque côté de l'un de ces cubes a un mètre, la figure entière représente un mètre cube, chaque petit carré indiqué sur la surface de la base représente un décimètre carré, et chacun de ces petits cubes indiqués à gauche représente un décimètre cube.—Si l'on suppose que chaque côté de ce cube a un décimètre, chaque petit carré de la surface de la base représente un centimètre carré, et chacun des deux petits cubes à gauche un centimètre cube. — Si l'on suppose que chaque côté de ce cube a un décamètre, chaque carré de la base représente un mètre, et chacun des deux cubes à gauche un mètre cube.

Il résulte de là que chaque unité supérieure vaut 1000 unités de l'ordre suivant, et n'est que la *millième* partie de l'unité de l'ordre supérieur, c'est-à-dire que le décimètre cube est la millième partie

(0,001) du mètre cube ; — que le centimètre cube est la millième partie du décimètre cube ou la *millionième* (0,000001
= 0,001 × 0,001) partie du mètre cube ; —
que le décamètre cube vaut 1000 mètres
cubes ; en un mot, que les subdivisions sont
de 1000 en 1000, au lieu d'être de 100 en 100
comme pour les surfaces, et de 10 en 10
comme pour les longueurs ; d'où il résulte
encore qu'il faut 3, 6, 9, etc., chiffres décimaux pour exprimer des décimètres cubes, centimètres cubes, millimètres cubes.

C'est ce qu'il importe de ne pas ignorer
pour savoir se rendre compte de la valeur
relative des unités de volume, et pour
savoir écrire et lire les nombres exprimant
ces espèces de mesures.

Voici quelques exemples :

9m. cu,567	lisez 9 mètres cubes, 567 décim. cubes,
	ou 567 millièmes de m. cube,
	et non 567 millimètres.
9 ,56	lisez 9 mètres cubes, 560 décim. cubes,
	ou 56 centièmes de m. cube,
	et non 56 centimètres.
9 ,5	lisez 9 mètres cubes, 500 décim. cubes,
	ou 5 dixièmes de mètre cube,
	et non 5 décimètres.

9m. cu,5672 lisez 9 mètres cubes, 567.200 centi. m. cu.
ou 5.672 dix-millièmes de m. cu.
et non 5.672 dix-millimètres.

Ainsi, pour exprimer un nombre donné d'unités simples de volume en autres unités multiples ou sous-multiples, il faut avancer ou reculer la virgule de *trois* rangs, mettre ou retrancher trois zéros, là où il faudrait avancer ou reculer la virgule d'un rang, mettre ou retrancher un zéro, s'il s'agissait des unités de longueur (V. p. 21); — là où il faudrait avancer ou reculer la virgule de deux rangs, mettre ou retrancher deux zéros, s'il s'agissait des unités de surface.

Pour évaluer, par exemple, un nombre quelconque de mètres cubes en décimètres cubes et centimètres cubes, il faut reculer la virgule de la gauche vers la droite de trois et six rangs. Exemple :

9m.cu,5672 font 9.567 décimètres cubes et 2 dixièmes;
et 9.567.200 millimètres cubes.

Les multiples du mètre cube ne sont point usités, et parmi les sous-multiples il n'y a d'usités que les décimètres cubes et les centimètres cubes.

Mesures des gros volumes.

Les gros volumes s'évaluent en mètres cubes, par milliers et millions de mètres cubes; — les kilomètres, hectomètres et décamètres cubes ne sont pas usités.

Quand il s'agit de la contenance des navires ou autres analogues, le mètre cube prend le nom de TONNEAU, T [1], valant 1 mètre cube, 1000 litres ou 1000 kilogrammes, comme nous l'indiquerons en parlant des poids.

Mesure des bois de chauffage et de charpente.

Pour mesurer les bois de chauffage [2], on se sert du **Stère**, S [3], volume de for-

---

[1] Nom qui n'est pas dans la loi, mais que l'usage a consacré.

[2] Le bois de chauffage se vend aussi au poids. Il en est de même des bois d'ébénisterie et de teinture.

[3] Du grec *stereos*, solide. —Deux Stères équivalent à peu près à l'ancienne *Voie*.

mes diverses, mais équivalant au *mètre cube*, et qui se subdivise en 10 décistères, de 10 centistères, valant eux-mêmes 10 millistères chacun. Ces divisions sont peu usitées.

Le seul multiple usité est le DÉCA-STÈRE, D. s.

Fig. 6. Membrure ou appareil composé de deux montants fixés sur une sole, pour mesurer le bois de chauffage en stères ou mètres cubes.

Comme *mesures réelles* on emploie :

Le DÉCASTÈRE	valant	10 stères.
Le demi-DÉCASTÈRE	—	5
Le double STÈRE	—	2
Le STÈRE	—	1
Le *Décistère*	—	0,1

Si, dans les figures 4 et 5 (p. 34 et 35),
on suppose que chaque côté du cube est
égal à un mètre, le volume représenté par
la figure sera le stère, — le stère théorique, le stère aux trois dimensions égales.

Mais dans les chantiers, chez les mar-
chands de bois, ces mesures que nous venons d'énoncer consistent en membrures
ou appareils composés d'une sole ou pièce
de bois appuyant sur le sol, sur laquelle
sont fixés deux montants consolidés par des
contre-fiches comme dans la figure 6. —
L'un des montants est divisé en décimètres
et centimètres. Le point d'arrêt est indiqué
par une rondelle en étain.

On comprend que les montants de ces
membrures doivent être plus ou moins
écartés et plus ou moins élevés, selon la
longueur des bûches de bois.

La longueur de la sole, entre les montants, étant à :

3 mètres pour le demi-décastère,
2 mètres pour le double stère,
1 mètre pour le stère,

La hauteur des montants est :

Pour les bois coupés à un mètre de longueur :

De 1 mètre pour le stère,

    1 mètre pour le double stère,

    1 mètre 667 millimètres pour le demi-décastère ;

Pour les bois de Paris coupés à 1m 137;

De 88 centimètres pour le stère,

    88 centimètres pour le double stère,

    1 mètre 466 centimètres pour le demi-décastère.

En multipliant la longueur des bûches par celle de la sole, et le produit par la hauteur du montant, on trouve le volume des mesures [1]. C'est ce qu'indiquent les deux opérations suivantes :

       1 m. longueur de la bûche,

$\times$ 3 m. longueur de la sole,

        ———————

       3

$\times$ 1.667 hauteur du montant.

        ———————

     5.001 = 5 mètres cubes ou stères,

        ou 1 demi-décastère.

[1] La géométrie apprend que, pour mesurer les

1^{m},137 longueur de la bûche de Paris,
$\times$ 3   longueur de la sole du demi-décastère.

3.411
1.466

20466
20466
13644
3411

5.000526 = 5 mètres cubes ou stères,
                     ou 1 demi-décastère.

Pour l'appréciation des volumes des *bois de charpente*, on mesure la longueur, la largeur et la hauteur des pièces avec le Mètre cube: le produit des trois dimensions indique le volume en mètres cubes et subdivisions du mètre cube, ou en stères et subdivisions du stère.

Le décistère ou dixième du mètre cube prend souvent le nom de *solive*[1], et représente alors un morceau de bois de 2 mètres de long, équarri sur les deux surfaces. — Le stère vaut donc 10 solives.

volumes, il faut multiplier la longueur par l'épaisseur, et le produit des deux par la hauteur.

[1] Solive nouvelle.

Rapports du Stère avec le Mètre cube.

Puisque le Stère n'est autre que le Mètre cube sous un nom différent, la transformation des stères en mètres cubes se fait en changeant les noms : le décistère, dixième partie du stère et du mètre cube, correspond à 100 décimètres cubes, le centistère à 10 décim. c., le millistère à 1.

Ainsi dans

$$56^s,3 = 56^m \text{ ou},3$$

Il faut lire :

56 stères, 3 décistères,
        ou 3 dixièmes de stère ;
56 mètres cubes, 300 décimètres cubes.
            ou 3 dixièmes de mètre cube.

Mesures de capacité pour les liquides et les grains.

Pour mesurer les liquides[1] et les graines[2]

[1] Eau, vins, huiles, esprit, lait, liqueurs. — Les liquides chers se vendent au poids.

[2] Céréales, légumes, graines diverses. — Les graines chères se vendent au poids.

et diverses autres matières[1] divisées, on

Fig. 7. Forme du Litre, du double litre et des autres mesures de capacité plus petites. — Grandeur naturelle du Centilitre.

emploie des vases qui sont des multiples

[1] Charbon de bois, coke, pommes de terre, etc. Diverses matières, telles que couleurs, médicaments, produits chimiques, se vendent au poids.

3.

ou des sous-multiples du décimètre cube
(V. *fig.* 4, p. 34), auquel on a donné le
nom de **Litre** [1], l., et qui est par conséquent une unité de capacité ayant un
décimètre de longueur sur un décimètre
de largeur, sur un décimètre de hauteur
($0,1 \times 0,1 \times 0,1 = 0,001$), et valant la
millième partie du mètre cube.

Le Litre se subdivise en multiples de 10
(comme le Mètre et l'Are), en 10 DÉCILITRES
de 10 CENTILITRES chacun. — Deux multiples seulement sont usités : le DÉCALITRE et
l'HECTOLITRE, qui ont la valeur suivante :

L'HECTOLITRE	=	10 décal. ou 100 litres.
Le DÉCALITRE	=	10 —
Le LITRE	=	1 —
Le *Décilitre* [2]	=	0,1 ou 1/10 de litre.
Le *Centilitre*	=	0,01 ou 1/100 de lit.

Le Kilolitre est usité pour les évalua-

[1] Du nom de *litron*, ancienne mesure française.

[2] Le décilitre contient à peu près un verre
ordinaire, et le centilitre à peu près un verre à
liqueur.

tions des grandes capacités, sous le nom de Tonne ou Tonneau (V. p. 35).

Les nombres exprimant ces mesures s'écrivent et s'énoncent comme les multiples et sous-multiples du Mètre (V. p. 12 et 20).

598Hl.,76 lisez 598 Hectolitres, 76 litres,
                 ou 76 centièmes d'Hectolitre,
598Dl.,762 lisez 598 décalitres, 762 centilitres,
                 ou 762 millièmes de Décalitre.

Il est également facile, par le déplacement de la virgule, la suppression ou l'addition de zéros, de transformer un nombre d'unités données en un nombre équivalent d'unités multiples ou sous-multiples.

598Hl.,76 font 5987,6   décalitres,
       ou 59876   litres,
       ou 598760   décilitres.
598 litres font 5,98   hectolitres,
       ou 59,8   décalitres.

*Rapports des mesures de Capacité
avec le Mètre cube.*

A l'aide d'un simple déplacement de la virgule et du zéro, on peut aussi transformer un nombre donné de mesures de capacité en unités de volume, c'est-à-dire un nombre donné de litres, décalitres ou hectolitres, en mètres cubes, décimètres cubes, etc., et réciproquement.

En effet, le litre n'étant autre que le décimètre cube ou un *millième* du mètre cube, on a les rapports suivants :

1 litre   = m. cu. 0,001
1 décilitre ou   10 l. = m. cu. 0,01
1 Hectolitre ou 100 l. = m. cu. 0,1
1 *Kilolitre* ou 1000 l. = m. cu. 1

Et réciproquement :

1 mètre cube = 1000 litres,
            ou 100 décalitres,
            ou   10 Hectolitres,
            ou   1 *Kilolitre*, tonne, ou tonneau.

De sorte que, pour exprimer des Hectolitres, des Décalitres et des Litres en Mètres cubes, il faudra les mettre sous forme de dixièmes, centièmes et millièmes de mètre cube ; — et que, pour mettre des Mètres cubes et des Décimètres cubes sous forme de Litres, de Décalitres et d'Hectolitres, il faut faire exprimer des litres aux millièmes de mètre cube, des décalitres aux centièmes, des hectolitres aux dixièmes. — Le Kilolitre correspond exactement au mètre cube.

$$598\text{Hl.},76 = 59\text{m. cu},876.$$
$$598 \text{ litres} = 0 \quad ,598.$$

C'est là, nous l'avons déjà dit, un des grands avantages du système métrique; car une pareille opération, avec les anciennes mesures françaises ou avec la plupart des mesures usitées dans les pays étrangers, nécessite des calculs assez longs.

Mesures réelles de capacité.

La loi autorise en France *treize* mesures de capacité formées de la moitié et du double des unités principales, c'est-à-dire de 1 fois, 2 fois, 5 fois, 10 fois, 20 fois le litre, le décalitre ou l'hectolitre, ou de subdivisions dans le même système. Ce sont :

L'*Hectolitre* .... 100 litres.
Le *Demi-Hectolitre*... 50 —
Le *Double Décalitre*.. 20 —

Le *Décalitre*	10 litres.	
Le *Demi-décalitre*, ..	5 —	
Le *Double litre*......	2 —	
Le *Litre*.............	1 —	
Le *Demi-litre*.	5 décilitres	⊐ 0,5 litre.
Le *Double décilitre*..	2 —	⊐ 0,2 —
Le *Décilitre*.........	1 —	⊐ 0,1 —
Le *Demi-décilitre*....	5 centilitres	⊐ 0,05 —
Le *Double centilitre*.	2 —	⊐ 0,02 —
Le *Centilitre*	1 —	⊐ 0,01 —

Ces diverses mesures sont toujours sous une forme cylindrique; mais les dimensions varient pour la commodité et d'autres considérations d'usage et d'habitude, suivant qu'elles sont destinées aux liquides ou aux matières sèches, graines et autres. Toutefois, la loi a fixé le rapport entre la hauteur et le diamètre.

Les mesures pour les **liquides** se divisent en trois classes : les *grandes mesures*, de l'hectolitre au demi-décalitre ; — les *petites mesures*, à partir du double litre, pour les liquides autres que le lait et l'huile ; — les mêmes, pour le lait et l'huile.

Les *petites mesures*, au nombre de *huit*, pour les liquides autres que l'huile et le

lait, ont une profondeur double du diamètre et sont en étain (V. *fig.* 7, p. 41).
Voici leurs dimensions en millimètres (les
règlements fixent aussi les poids).

	Diamètre.	Profondeur.
Le *double litre*........	108 1/2mm	217mm
Le *litre*..............	86	172
Le *demi-litre*	68 1/3	136 2/3
Le *double décilitre*....	50	100 2/3
Le *décilitre*	40	80
Le *demi-décilitre*.....	32 2/3	63 1/3
Le *double centilitre*..	23 1/2	47
Le *centilitre*.	18 1/2	37

Fig. 8 et 9. Formes des petites mesures de capacité
pour l'Huile et le Lait.

Lorsque ces mesures sont pour l'huile[1] et le lait, on les construit en cylindres de fer-blanc dont le diamètre égale la profondeur, et on y adapte des anses qui permettent de les plonger dans les vases (V. *fig.* 8 et 9). Voici leurs noms et leurs dimensions en millimètres :

	Profondeur et diamètre.
Double litre..................	136 1/2^{mm}
Litre.......................	108 1/2
Demi-litre..................	86
Double décilitre	63 1/2
Décilitre.	50 1/3
Demi-décilitre	40
Double centilitre...........	29 1/2
Centilitre	23 1/2

Les cinq *grandes mesures* sont des cylindres dont la profondeur et le diamètre sont aussi égaux[2], et qui peuvent être construites en tôle de fer, ou en cuivre, ou en fonte, étamées intérieurement et munies

[1] Dans diverses localités, l'huile se vend au poids.

[2] En se rappelant ces conditions, on peut toujours vérifier si la mesure dont on se sert est exacte.

de deux anses pour pouvoir les manier
(V. *fig.* 10). Voici leurs noms et leurs dimensions en millimètres :

	Profondeur et diamètre.
L'*Hectolitre*.........	503 millimètres.
Le *Demi-Hectolitre*...	399 1/3 »
Le *Double décalitre*..	294 »
Le *Décalitre*........	233 1/2 »
Le *Demi-décalitre*...	185 1/3 »

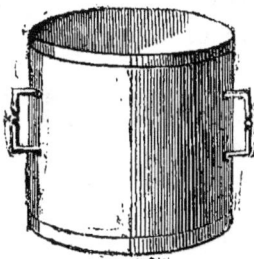

Fig. 10. Forme des grandes mesures de capacité
pour les liquides.

Les *futailles* en bois ou tonneaux contenant les liquides, et particulièrement les
vins, les eaux-de-vie, les huiles, peuvent être
construits de manière à correspondre au système métrique et de la capacité du kiloli-

tre, du demi-kilolitre, du double hectolitre, de l'hectolitre et du demi-hectolitre, c'est-à-dire de 1000, 500, 200, 100, 50 litres.

Pour les **matières sèches** (grains, etc.), les mesures réelles sont au nombre de *onze*, depuis l'hectolitre jusqu'au demi-décilitre inclusivement. Elles sont ordinairement en bois de chêne ou autre, avec la partie supérieure doublée de tôle rabattue pour en conserver la dimension (V. *fig.* 11). On peut aussi les construire en tôle ou en cuivre. Voici leurs noms et leurs dimensions :

	Diamètre et profondeur.
L'*Hectolitre*.....................	503^{mm}
Le *demi-hectolitre*.............	399 1/3
Le *double décalitre*...........	294
Le *décalitre*	233 1/2
Le *demi-décalitre*	185 1/3
Le *double litre*..............	136 1/2
Le *litre*.....................	108 1/2
Le *demi-litre*................	86
Le *double décilitre*..........	63 1/2
Le *décilitre*.................	50 1/3
Le *demi-décilitre*...........	40

Plusieurs matières sèches se vendent aussi au poids.

Depuis quelques années, on a souvent

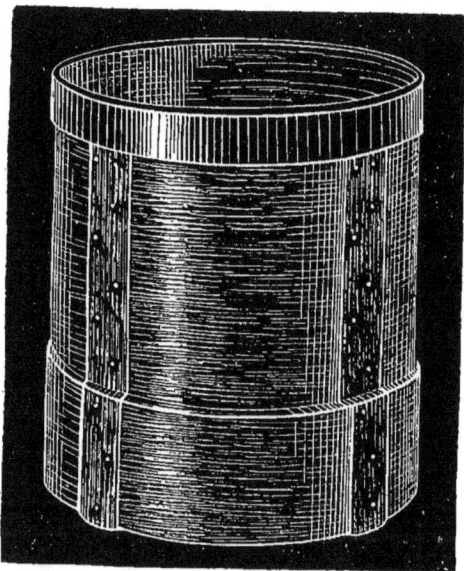

Fig. 11. Forme des mesures de capacité
pour les matières sèches, grains et autres.

fait ressortir les avantages du procédé du
pesage des grains qui tend à se substituer
à celui du mesurage 1.

1 L'hectolitre de froment pèse environ 75 kil.

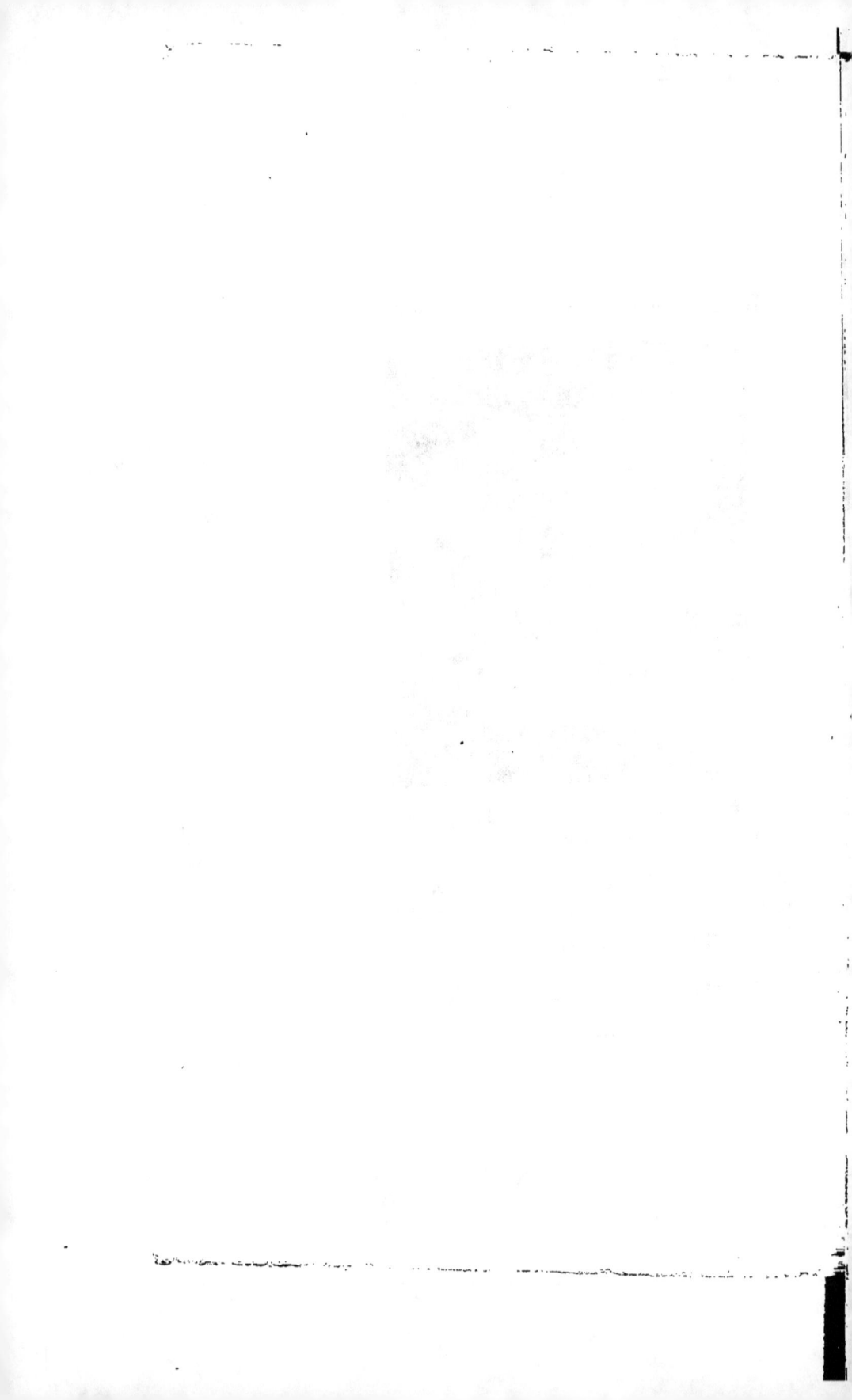

CHAPITRE VI.

POIDS. — RAPPORTS DES POIDS AUX MESURES DE VOLUME ET DE CAPACITÉ.

On a pris pour unité de mesure des Poids le poids d'un *centimètre cube* [1] *d'eau pure ou distillée* à son maximum de densité, c'est-à-dire à $4^0,4$ au-dessus du zéro du thermomètre centigrade [2], et on a donné à ce poids le nom de **Gramme** [3], g.

La figure 12 (p. 64) représente le volume

---

[1] $0^{m. cu},000001$, c'est-à-dire un millionième du mètre cube (V. p. 33).

[2] La physique constate qu'au-dessus et au-dessous de cette température, à peu de chose près, l'eau augmente de volume. — Ce poids a été exactement établi, en prenant les précautions convenables.

[3] De *gramma*, petit poids ou scrupule des anciens.

d'eau, grandeur naturelle, appelé centimètre cube, ayant un centimètre de côté
et pesant un gramme, en supposant l'eau
pure et à la température de 4°,4.)

On a pris une si petite unité pour pouvoir évaluer les plus petites quantités pos-
sibles des métaux précieux et autres objets
de valeur, des médicaments, des combi-
naisons chimiques, etc.

Les multiples et sous-multiples du
Gramme sont les mêmes que ceux du
Mètre, et tous usités à l'exception du my-
riagramme. On a ainsi :

	Signes.	Valeur.
Le KILOgramme [1]	Kg =	1000 grammes.
L'HECTOgramme	Hg =	100 —
Le DÉCAgramme	Dg =	10 —
Le GRAMME	g =	1 —
Le décigramme	dg =	0,1 ou 1/10 de gramme.
Le centigramme	cg =	0,01 ou 1/100 de gramme.
Le milligramme	mg =	0,001 ou 1/1000 de gramme.

Les subdivisions et les multiples de ces

[1] 1 kilogramme d'eau distillée correspond au
décimètre cube ou millième, $0^{m.\,c.}$,001, du m. c.

mesures allant de 10 en 10, les nombres qui les représentent s'écrivent, s'énoncent sans peine, et se transforment les uns en les autres, comme pour le mètre, avec le maniement ordinaire de la virgule et du zéro (V. p. 20). Exemples :

59Kg,876 lisez 59 kilog. et 876 millièmes de kilog.,
ou 876 grammes,

Correspondant à :

598Hg,76 lisez 598 heclog., et 76 centièmes d'Hg.
ou 76 grammes.

Correspondant encore à :

59876 grammes.

Poids usuels[1].

On construit, conformément à la loi, trois séries de poids usuels : les gros poids, les poids moyens et les petits poids.

[1] Pour déterminer le poids des choses, pour peser, on se sert de la *balance* (à deux plateaux) sous diverses formes ; — de la *romaine*, ou balance à un seul plateau avec poids au bout d'un levier ; — de la *bascule* et du *peson*.

Les *gros poids*, au nombre de *cinq*, vont
de 50 kilogramme au kilogramme. Ils sont
en fonte et ont la forme d'une pyramide
tronquée et aplatie, à angles arrondis ; ils
sont munis d'un anneau, dans lequel on
passe la main pour les soulever. Pour les
poids de 50 et de 20 kilogrammes, la pyramide est quadrangulaire ou à quatre
faces ; pour les autres, elle est hexagonale,
à six faces.

Fig. 13. Forme des poids de 20 à 50 kilogrammes.

Les *poids moyens*, au nombre de *neuf*,
vont du kilogramme au gramme. Ils sont
en cuivre jaune ou laiton (cuivre et zinc),
sous forme de cylindres surmontés d'un

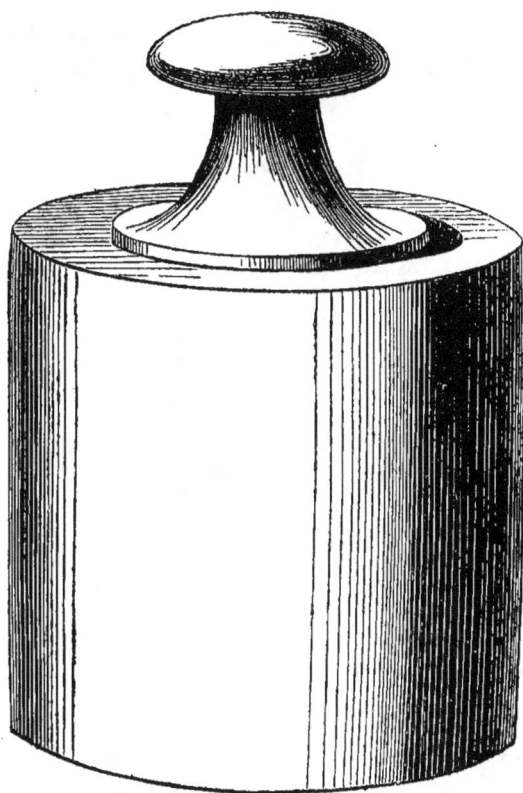

Fig. 14. Le kilogramme en cuivre, grandeur naturelle,
= 10 hectogr.; = 100 décagr.; = 1000 grammes.

4.

bouton, à l'aide duquel on les manie. —
La hauteur du cylindre doit égaler le diamètre, excepté pour le gramme et le double
gramme qui ont un diamètre plus grand
que la hauteur. (V. *fig.* 14, 15, 16 et 17.)

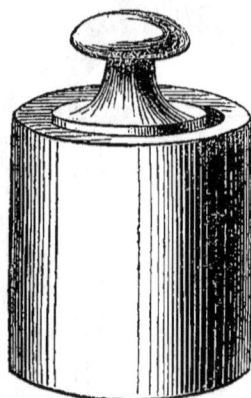

Fig. 15. L'hectogramme en cuivre, grandeur naturelle,
= 10 décagrammes = 100 grammes.

Les *petits poids*, au nombre de *dix*, vont
du gramme au milligramme. Ils sont en
cuivre ou en argent. — On leur donne la
forme de petites plaques minces et carrées,
dont un des bouts est relevé pour que
l'on puisse les saisir.

Voici la série de ces divers poids :

Gros poids.	Valeur en kilog.	Valeur en gr.
Les 50 kilogrammes. ...	50	50.000
Les 20 —	20	20.000
Les 10 —	10	10.000
Les 5 —	5	5.000
Les 2 —	2	2.000
Le kilogramme	1	1000

Poids moyens.		
Le kilogramme.	1	1.000
Le demi-kilogramme....	0,5	500
Le double hectogramme.	0,2	200
L'hectogramme..........	0,1	100
Le demi-hectogramme ..	0,05	50
Le double décagramme..	0,02	20
Le décagramme........	0,01	10
Le demi-décagramme ...	0,005	5
Le double gramme......	0,002	2
Le gramme.	0,001	1

Petits poids.		
Le gramme...........	0,001	1
Le demi-gramme	0,0005	0,5
Le double décigramme .	0,0002	0,2
Le décigramme........	0,0001	0,1
Le demi-décigramme....	0,00005	0,05
Le double centigramme.	0,00002	0,02
Le centigramme........	0,00001	0,01
Le demi-centigramme...	0,000005	0,005
Le double milligramme..	0,0000002	0,002
Le milligramme	0,0000001	0,001

Le **Kilogramme** est devenu l'unité du poids pour les évaluations ordinaires des comestibles et autres choses usuelles parce qu'il s'est trouvé correspondre à environ deux unités de l'ancien poids, à 2 *Livres*.

Fig. 12.	Fig. 16.	Fig. 17.
Centim. cube d'eau pure à 4°,4 pesant 1 gr.	10 grammes en cuivre.	Le gramme en cuivre.

(Grandeurs naturelles.)

Les bijoutiers, les pharmaciens, les chimistes, etc., emploient pour les petites pesées le *gramme* et ses sous-multiples.

On subdivise le Kilogramme en 10 Hectogrammes de 10 Décagrammes de 10 Grammes chacun, ou bien en 10 Hectogrammes de 100 Grammes. — Souvent on omet l'expression de grammes et on passe la division du décagramme, de sorte que l'on a

pour unité de poids le *Kilo* se subdivisant
en 10 *Hectos* de 100 *grammes*.

Le *demi kilogramme*, ou *demi-kilo* de
500 grammes, est souvent pris pour unité,
sous le nom de *livre*[1], parce qu'il correspond, à peu de choses près, à l'ancienne
livre.

La *livre*[2] pèse donc 500 grammes.
La *demi-livre* »   250
Le *quart*   »   125   »
Le *demi-quart* »   62,50   »
L'*once*[3]   »   31,25   »
La *demi-once* »   15,63   »

Pour les *poids considérables*, et quand il

[1] V. plus loin au chapitre x, ce qui est dit
dans le Coup d'œil historique.

[2] Cette livre, imposée par l'usage et reconnue
par le décret de 1812 sous le nom de *livre usuelle*,
n'est pas tout à fait la même que l'ancienne livre
qui ne correspondait pas exactement à la moitié
du kilogramme. L'ancienne livre valait 489,15|
grammes; un décret de 1812 autorisa une livre
usuelle de 500 grammes, ou de la moitié du
kilogramme.

[3] La livre vaut 16 onces; l'once est donc le
seizième de 500 grammes, soit 31^{gr},25.

4.

s'agit d'évaluer le chargement d'une voiture, d'un vaisseau, d'un waggon, etc., on emploie :

Le Tonneau, valant 1000 kilogrammes ;

Le Quintal métrique [4], valant 100 kilog.

Rapport des poids aux mesures de volumes et de capacité.

La nature du gramme et de ses multiples permet de transformer les poids en mesures de volumes et en mesures de capacité, et réciproquement, à l'aide simplement de la virgule et du zéro.

En effet, puisque

Le gramme est la 0,000001e partie du mètre cube d'eau distillée,

Le kilogramme est la 0,001e partie du mètre cube d'eau distillée,

1 mètre cube vaut 1.000.000 de grammes,

         ou   1.000 kilogrammes.

1 décimètre cube (1000e partie du m. cu.) vaut 1 kil.

Donc le Kilogramme correspond au Dé-

---

[4] On ajoute *métrique* quand on craint de confondre avec le quintal de l'ancien système valant 100 livres.

cimètre cube (V. *fig.* 4 et 5, p. 34 et 35);
1000 kilogrammes correspondent au mètre
cube, et réciproquement; — et l'on con-
vertit les kilogrammes d'eau pure à 4°,4 en
mètres cubes, en avançant la virgule de
trois rangs vers la gauche; et les mètres
cubes d'eau pure en kilogrammes, en l'a-
vançant de trois rangs vers la droite.

D'après les mêmes données, le kilogramme d'eau pure à 4 degrés correspond
au litre, c'est-à-dire qu'un litre d'eau pure
à 4°,4 pèse 1 kilog., et que 1 kilog. d'eau
pure a le volume d'un litre. En effet, le
litre n'étant autre que le décimètre cube,

Le mètre cube = 1000 décimètres cubes,
ou 1000 litres,
ou 1000 kilogrammes.

Donc, étant donné un certain nombre de
mètres cubes d'eau, il est facile de les
transformer en litres ou en kilogrammes,
ou en leurs multiples ou sous-multiples,
et réciproquement.

Les Kilogrammes d'eau, représentant en
volume des Litres ou Décimètres cubes

(V. *fig.* 4 et 5, p. 34 et 35) ou millièmes de
mètre cube, et un nombre de Mètres cubes
vaut mille fois plus, s'il est exprimé en
Litres ou en Kilogrammes.

0m. cu,059876 d'eau pure à 4°,4	=	59li	,876
—	—	=	59Kg	,876
59.876li	—	=	59m. cu,876
59.876Kg	—	=	59m. cu,876

Le tableau suivant indique la valeur des
unités de Capacité en Volumes et en Poids,
et les unités de Poids en Volumes et en
mesures de Capacité pour l'eau.

	Valeur en mètres cubes.	Valeur en décim. cubes.	Valeur. en kilog
Kilolitre........	1	1000	1000
Hectolitre.......	0,1	100	100
Décalitre	0,01	10	10
Litre...........	0,001	1	1
Décilitre.......	0,0001	0,1	0,1
Centilitre......	0,00001	0,01	0,10

	Valeur en mètres cubes.	Valeur en décim. cubes.	Valeur en litres.
Kilogramme ...	0,001	1	1
Hectogramme..	0,0001	0,1	0,1
Décagramme...	0,00001	0,01	0,01
Gramme.......	0,000001	0,001	0,001
Décigramme ...	0,0000001	0,0001	0,0001
Centigramme...	0,00000001	0,00001	0,00001

A l'aide du chiffre de la *densité* de corps, on peut ainsi déterminer le poids des corps en connaissant leur volume ; on peut déterminer leur volume en connaissant leur poids. (V. ce qui est dit, chap. viii, en parlant des calculs des mesures métriques entre elles.)

Cette simplicité de rapports et cette facilité de conversion d'une catégorie d'unité en une autre catégorie est, nous le répétons, une des causes de l'immense supériorité du système métrique sur tous les autres systèmes de poids et mesures anciens ou modernes, et ne cessera de plaider en faveur de son adoption universelle.

Nous donnons dans le chapitre suivant les rapports des pièces de monnaies aux divers poids, et réciproquement.

CHAPITRE VII.

MONNAIES.

Nature et rôle de la Monnaie. — Des différentes pièces de monnaies. — Des poids des pièces. — De la taille et de la tolérance. — De la valeur nominale et intrinsèque. — Rapport des pièces avec le mètre. — Valeur comparative de l'or et de l'argent. — Rapport légal. — Fabrication des monnaies.

Nature, Rôle et Titre de la monnaie.

La monnaie est une pièce ou disque d'or ou d'argent, dont la *valeur échangeable* sert de mesure aux autres valeurs, c'est-à-dire à la valeur des Produits et Services que les hommes échangent entre eux [1].

[1] La monnaie sert encore d'intermédiaire dans les transactions; quand on vend, on cède des produits ou des services, on les échange contre de la monnaie; quand on achète, on cède de la monnaie contre des produits ou des services. La

L'unité monétaire (ou l'unité de mesure pour les sommes de monnaie, et pour les sommes d'autres valeurs) dans le système métrique français est le **Franc**, nom donné à la *valeur* d'une petite pièce ou petit disque formé de 4 grammes 1/2 d'argent alliés à 1/2 gramme de cuivre, soit 5 grammes à 9 dixièmes (0,9), ou 90 centièmes (0,90), ou 900 millièmes (0,900) de fin, c'est-à-dire contenant 1, ou 10, ou 100 parties de cuivre, et 9, ou 90, ou 900 parties d'argent.

Ces chiffres ou proportions indiquent le degré de pureté, ou le *titre*.

Le cuivre ou *alliage* augmente la fermeté de l'argent et fait que les pièces *frayent* ou s'usent moins [1].

La proportion du cuivre dépasse de beaucoup celle de l'argent dans les me-

monnaie joue les deux rôles de *mesure* et d'*intermédiaire*, à cause des qualités physiques et économiques des métaux précieux : l'utilité, la divisibilité, la durée, la rareté ou la grande valeur sous un petit volume, la fixité de la valeur.

[1] L'usure des pièces est ce qu'on appelle le *frai*.

nues monnaies, que l'on fait maintenant de préférence en bronze (cuivre et étain) ou en cuivre [1]; c'est ce qu'on appelle la monnaie de Cuivre ou de Billon [2].

Ni l'usage ni la loi n'ont consacré, pour le *franc*, aucun des noms servant à désigner les multiples des autres mesures métriques. On dit : *dix* francs, *cent* francs, *mille* francs, *dix mille francs*, et non *déca-franc*, *hectofranc*, etc.

Pour les sous-multiples, ni l'usage ni la loi n'ont consacré les expressions de *décifranc*, *centifranc* et *millifranc*, pour les dixièmes (0,1), centièmes (0,01), et millièmes (0,001) de franc; mais ils ont consacré les dénominations de *décimes* et *centimes*

---

[1] Dans quelques pays il y a encore des monnaies en cuivre jaune (cuivre et zinc).

[2] Cette expression, *billon*, ne désignait anciennement que les pièces contenant une faible proportion d'argent ou d'or et une forte proportion de cuivre : on disait billon d'argent et billon de cuivre.

5

inscrites sur la monnaie de cuivre et adop-
tées dans le système métrique provisoire [1].

Le franc vaut donc 10 décimes ou 100 centimes ;
Le décime vaut   10 centimes ou 100 millimes ;
Le centime vaut   10 millimes.

Le centime est le plus usité dans les
comptes. Les décimes sont généralement
évalués en centimes, et les millimes sont
négligés.

Des différentes pièces de monnaie.

Les pièces de monnaie françaises sont en
or, en argent et en bronze, dans la série 1,
2 et 5 sous-multiples de 10, comme suit :

EN OR : pièces de 100 francs.
—   —   50 —
—   —   20 —
—   —   10 —
—   —   5 —
EN ARGENT : pièces de 5 francs
—   —   2 —
—   —   1 —
—   —   5 décimes ou 50 centimes
—   —   2 —   20 —

[1] Voir plus loin le coup d'œil historique,
p. 109.

EN CUIVRE : pièces de   1 décime ou 10 centimes.

—   —   5 centimes.

—   —   2   —

—   —   1   —

L'usage a conservé aux pièces de cinq et dix centimes les noms de *sou* et *deux sous*.

Les pièces de 10 francs et de 5 francs sont de fabrication récente (1854, sous Napoléon III), depuis que l'or est devenu plus abondant, par suite de la découverte des gîtes aurifères de Californie (1848) et d'Australie (1852) ; — il en est de même de la pièce de 50 francs, qui remplace la pièce de 40 francs frappée dès l'origine jusqu'à ce jour, et qui rentre dans la série 5, 2 et 1 ; — il en est de même de la pièce de 100 francs, premier terme d'une série de coupures complétée par les billets de banque de 200 francs, 500 francs, 1,000 francs[1].

[1] Une loi de 1832, sous Louis-Philippe, autorisait déjà la fabrication des pièces d'or de 100 francs et de 10 francs ; mais les pièces de 10 francs, qu'on jugea peu maniables, ne furent point fabriquées à cette époque, et l'émission

Des poids des pièces de monnaie. — *De la Taille et de la Tolérance.*

Puisque le franc représente en argent monnayé un poids de 5 grammes d'argent, toutes les pièces d'argent constituent des poids en nombres ronds, à quelques millièmes près. (V. ce qui est dit plus loin, p. 79, sur la tolérance.)

Les pièces de cuivre sont frappées de manière à peser autant de grammes qu'elles représentent de centimes en valeur.

De sorte qu'avec les pièces d'argent et de cuivre non usées ou qui n'ont pas *frayé*, on peut former la série de poids suivants :

Poids :		Monnaies en cuivre.
1 gramme avec la pièce de		1 centime.
2	—	2 —
5	—	5 —
10	—	10 —
1 kilogramme avec 1,000 pièces de		1 —
—	500 —	2 —
—	200 —	5 —
—	100 —	10 —

de celles de 100 francs fut très-restreinte, la circulation ne paraissant alors pas les accepter.

Poids :   Monnaies d'argent.

1 gramme avec la pièce de   20 cent.
2 gr. 1/2 (2,50)   —   50 —
5 grammes   —   100 —   1 franc.
10   —   —   200 —   2 —
25   —   —   500 —   5 —

1 kilogramme avec 1000 pièces de   20 centimes.
       —   400   —   50   —
       —   200   —   1 franc.
       —   100   —   2   —
       —   40   —   5   —

Le sac de 1,000 francs, ou 200 pièces de
5 francs, pèse 5 kilogrammes.

Dans les banques, les caisses publiques
et partout où l'on fait de forts payements,
on supplée par le procédé du pesage au
comptage des pièces infiniment plus long.

Comme on a voulu que la valeur des
pièces d'or fût en nombres ronds, c'est-à-
dire qu'elle correspondît à un nombre
rond de francs, les poids de ces pièces sont
exprimés par des nombres fractionnaires
décimaux, à cause de la différence de valeur entre l'or et l'argent.

Ainsi :

			Grammes (poids exact).
La pièce de 100 francs pèse			32,258
—	50	—	16,129
—	20	—	6,451 61
—	10	—	3,226
—	5	—	1,613

Mais on peut obtenir :

1 kilogramme avec	31 pièces de		100 francs.
—	155	—	20 —
—	310	—	10 —
—	620	—	5 —

Le nombre qui indique la quantité de pièces que l'on peut fabriquer ou *tailler* avec l'unité du poids de métal monétaire est ce qu'on appelle la *Taille*. On dit que la taille des pièces d'or de 20 francs est de 155 ; que la taille des pièces d'argent de 5 francs est de 40, etc. ; c'est-à-dire qu'on fait 155 pièces de 20 francs avec 1 kilogramme d'or monnayé, et 40 pièces de 5 francs avec 1 kilogramme d'argent monnayé.

Nous avons dit plus haut (p. 72) ce qu'il

faut entendre par le *Titre* des monnaies.

Nous venons d'indiquer le poids des pièces en alliage monétaire : en en déduisant le dixième, on obtiendrait le poids de l'or ou de l'argent pur qu'elles contiennent et dont la valeur constitue la *Valeur intrinsèque*, par rapport à la *Valeur nominale*. Nous donnons ci-après quelques explications sur ces deux valeurs.

Comme il est impossible d'obtenir un alliage contenant exactement 900 parties de métal pur or ou argent et 100 parties d'alliage ou de cuivre ; — comme il est également impossible de donner aux pièces d'or, d'argent et de cuivre le poids exact, la loi laisse, soit pour le poids, soit pour le titre, une latitude pour les erreurs en plus ou en moins, dite *Tolérance ; — tolérance de titre* ou *tolérance de poids*.

La *tolérance de titre*, soit en dessus, soit en dessous du titre absolu (exact ou *droit*) a été fixée à 10 millièmes pour les espèces d'or et d'argent.

La *tolérance de poids* varie selon la nature des pièces, et en raison inverse de la

valeur des pièces, comme l'indique le tableau suivant :

Pièces.	Poids exact en grammes.	Tolérance de poids en millièmes.
OR : 100 francs	32,258	1
50 —	16,129	2
20 —	6,452	2
10 —	3,226	2
5 —	1,613	3
ARGENT : 5 francs	25	3
2 —	10	5
1 —	5	5
50 centimes	2,50	7
20 —	1,25	10
CUIVRE : 10 centimes	10	10
5 —	5	10
2 —	2	15
1 —	1	15

*Valeur numéraire ou nominale et Valeur
intrinsèque des monnaies. — Monnaie de
Cuivre ou de Billon.*

Parlons d'abord de la valeur des monnaies d'or ou d'argent, qui sont les seules
monnaies à proprement parler.

La valeur *numéraire* ou *nominale* est celle
qui est inscrite sur les pièces en ces termes : 5 *francs*, 2 *francs*, 1 *franc*, etc.

La valeur *intrinsèque* est celle du poids
réel d'or ou d'argent qu'elle contient.

Dans un bon système monétaire, la valeur numéraire est l'expression exacte de
la valeur du poids de la matière intrinsèque (d'or ou d'argent pur). Ainsi le mot
franc indique la valeur de 4 1/2 grammes
d'argent à 900 millièmes de fin, les mots *cinq
francs* indiquent la valeur de 22 1/2 grammes d'argent à 900 millièmes, et ainsi des
autres pièces.

Mais, à de certaines époques, les gouvernements, par subterfuge ou ignorance, ont
inscrit sur les pièces une valeur nominale
supérieure à la valeur intrinsèque, et, par
conséquent, ils ont fabriqué de la fausse
monnaie. (V. plus loin, p. 86, ce qu'il est dit
au sujet du rapport entre la valeur des
deux métaux.)

Ce serait une utile innovation que l'inscription du Poids et du Titre sur chaque
pièce, recommandée par les économistes,

5.

parce que le public aurait constamment sous les yeux les éléments de la valeur intrinsèque, qui est la vraie mesure des autres valeurs [1].

L'oubli de cette valeur intrinsèque et les confusions résultant des noms indiquant la valeur numéraire ont été le point de départ des erreurs économiques les plus graves, telles que l'altération des monnaies, la fixation de prix maximum,

[1] En 1792, le ministre des finances, Clavière, proposait de faire, en France, des pièces appelées une *once* d'or, une *once* d'argent; — et une loi de thermidor an III, qui n'a pas été exécutée, prescrivait l'indication du poids et du titre que l'on commence à trouver sur les monnaies de quelques pays, sur celles de la Nouvelle-Grenade, par exemple. Plus tard, en l'an VI, il fut question de faire des pièces d'or du poids rond de 1 décagramme qui, au rapport de 1 d'or contre 16 d'argent (V. p. 86), auraient valu 16 décagrammes d'argent ou 32 francs, et dont la valeur aurait varié comme la valeur de l'or. Il avait déjà été question, en l'an II, d'une pareille pièce, qui devait porter le nom de *franc d'or*. — V. la loi du 7 octobre 1792.

les émissions de papier-monnaie, etc. [1].

Les pièces de Billon (d'or ou d'argent à bas titre ou de bas aloi), les monnaies de bronze et les monnaies de cuivre, auxquelles on donne indifféremment les noms génériques de monnaies de billon ou de cuivre (V. p. 73), ont une valeur numéraire très-supérieure à leur valeur intrinsèque. Ce ne sont pas, à proprement parler, des *monnaies*, mais des *signes représentatifs* de la valeur des monnaies qu'elles indiquent. Le cuivre contenu dans la pièce de 10 centimes, par exemple, ne vaut pas, à beaucoup près, les 10 centièmes ou la dixième partie du franc; et cette pièce est, pour la plus forte part, signe représentatif, conventionnel ou arbitraire du dixième du franc.

Les monnaies de billon ou de cuivre sont donc, pour la plus forte part, des *signes métalliques* des valeurs indiquées, comme les billets de banque, les lettres de change, etc.,

[1] V. à ce sujet nos *Eléments d'économie politique*, chapitre sur la MONNAIE, 3e édition, p. 203.

sont des *signes en papier*, pour la totalité de leur valeur.

Pour conserver à la monnaie de billon la confiance du public et éviter sa dépréciation, les gouvernements prennent deux précautions : ils limitent la fabrication de manière que la quantité des pièces ne dépasse pas les besoins de la circulation; ils limitent également la proportion dans laquelle le créancier et le vendeur sont tenus de recevoir cette monnaie. Cette proportion est en France de 5 francs. Les caisses publiques ne donnent et ne reçoivent du cuivre que pour des sommes au dessous de 50 centimes.

Rapport des pièces avec le mètre.

Les pièces ont des diamètres exprimés en nombres ronds de millimètres, comme suit :

OR : 100 francs	35 millimètres.
50 —	28 —
20 --	21 —
10 —	19 — [1]
5 —	17 —

[1] Il y a d'abord eu des pièces de 10 francs d'or

ARGENT :	5 francs	37 millimètres.
	2 —	27 —
	1 —	23 —
	50 centimes	18 —
	20 —	15 —
CUIVRE :	10 —	30 —
	5 —	25 —
	2 —	20 —
	1 —	15 —

D'où il résulte que quelques-unes de ces pièces d'or, d'argent ou de cuivre ont sensiblement la même apparence quant au volume.

D'où il résulte encore que l'on peut obtenir la longueur du mètre en mettant bout à bout un certain nombre de pièces frappées avec la virole pleine, c'est-à-dire sans lettres ni cannelures.

20 pièces de 2 francs et 20 pièces de 1 franc en argent donnent le mètre ; car

$$20 \times 27 \text{ mm} = 540 \text{ mm}$$
$$20 \times 23 \quad = 460$$
$$\overline{\qquad\qquad}$$
$$1,000 \text{ mm}$$

d'un plus petit module (17 millimètres) qui ont été démonétisées. — On a cessé également de fabriquer des pièces de 5 francs d'un plus petit module.

On obtient le même résultat avec

24 pièces de 20 francs et 11 de 40 francs [1] ;
8 pièces de 20 francs et 32 de 40 francs,
16 pièces de 5 francs et 14 de 2 francs ;
19 pièces de 5 francs et 11 de 2 francs ;
20 pièces de 2 francs et 1 de 1 franc; etc.

Depuis 1830, les pièces sont frappées avec des lettres en relief ou avec des cannelures.

Valeur comparative de l'or et de l'argent.
— Rapport légal.

Les métaux précieux sont des marchandises dont la valeur varie comme la valeur de toutes choses, selon les circonstances de la production et du marché. Chacun des deux métaux étant plus ou moins rare, plus ou moins difficile et coûteux à extraire, et ayant des qualités et des usages qui lui sont propres, les valeurs de l'un et de l'autre varient d'une manière particulière.

Il résulte de la nature des choses qu'il

[1] La pièce de 40 francs a 26 millimètres de diamètre.

est impossible de fixer pour un temps
donné la valeur de l'un par rapport à l'autre ; c'est cependant ce qu'on a cru faire
en établissant, par une loi, dans la plupart
des pays, un rapport dit *Rapport légal*.

En France, d'après une loi de l'an XI,
ce rapport est de 15,5 contre 1, l'or étant
pris pour unité ; c'est-à-dire que la valeur
de 1 kilogramme d'or a été fixée à 15 1/2
kilogrammes d'argent. C'est en vertu de ce
rapport que les pièces d'or ont été fabriquées aux poids indiqués plus haut et que
le prix de 6^{gr},452 d'or monnayé (allié à un
dixième de cuivre) a été fixé à 20 francs ;
car le rapport de 6^{gr},452 à 100 grammes,
poids de 20 francs en argent, est le même
que celui de 1 à 15,5.

Or, ce rapport est le plus souvent nomi-
nal et fictif : en fait, les pièces de 20 francs
ont eu cours tantôt pour plus, tantôt pour
moins de 20 francs en argent ; c'est-à-dire
qu'on les a acceptées pour 20 francs, plus
ou moins une différence appelée *agio*. Avant
la découverte des gîtes aurifères de la Californie (1848) et de l'Australie (1852), l'or

était plus rare et plus cher, les pièces valaient un peu plus de 20 francs ; c'est le
fait contraire qui s'est produit depuis
qu'une plus grande quantité d'or a été in-
troduite dans la circulation.

En France, on a adopté les deux métaux
comme étalons de la valeur[1], et leur valeur
réciproque s'établit légalement par le rapport que nous venons d'indiquer. — Si l'un
des deux métaux était seul pris pour métal monétaire, le cours des pièces fabriquées avec l'autre métal (en poids rond
pour plus de commodité) aurait un cours
fixé pour le commerce. C'est le système

[1] En Angleterre, on a adopté l'or seul depuis
longtemps; en Hollande et en Belgique l'argent
est seul adopté depuis quelques années. On a
adopté l'or et l'argent, dans la plupart des pays,
avec un rapport légal un peu différent de celui
établi en France. En Angleterre, les monnaies
d'argent sont à un titre inférieur et ont, dans
une certaine proportion, le caractère des monnaies de billon ; la fabrication en est restreinte,
et on n'en peut donner en payement au delà
d'une livre sterling, ou 25 francs environ.

auquel on arrivera tôt ou tard, pour sortir
de la fiction du rapport légal qui favorise
l'exportation des pièces de celui des deux
métaux dont la valeur est mal appréciée,
et qui met le créancier et le gouvernement sous le coup d'une perte, dans le cas
de la baisse de l'un des deux métaux; car,
en vertu du rapport légal, le débiteur peut
toujours payer avec celui des deux métaux qui vaut le moins, et le gouvernement répond ou doit répondre de la valeur
des pièces auxquelles la loi donne un prix
fixe.

Fabrication des monnaies.

Les fabriques ou hôtels des monnaies
sont actuellement, en France[1], des entre-
prises particulières dont les directeurs
concessionnaires traitent avec le public
qui s'adresse à eux pour faire transformer
des lingots ou autres objets d'or et d'argent en pièces de monnaie.

[1] Le plus important est celui de Paris.

La loi fixe le maximum des frais de fabrication, déchets compris, qu'on appelle la *retenue au change*. Cette retenue a été fixée, pour le kilogramme d'or, au titre de 900, à 6 fr. 70 c. à partir du 1er avril 1854, et pour les matières d'argent à 1 fr. 50 c. ou 3/4 pour 100 (loi du 22 mai 1849).

Pour ces prix, la fabrication se fait dans les proportions suivantes :

POUR L'OR :	200 pièces	à	100 fr.	=	20,000
	400 —	à	50	=	20,000
	36,250 —	à	20	=	725,000
	21,500 —	à	10	=	215,000
	4,000 —	à	5	=	20,000
					1,000,000

P. L'ARGENT :	les 4 20mes en pièces de 2 fr.	=	10,000
	10 —	—	1 —	=	25,000
	5 —	—	50 cent.	=	12,500
	1 —	—	20 —	=	2,500

Une Commission du gouvernement est organisée pour surveiller et vérifier le titre et le poids des pièces livrées au public.

La fabrication des monnaies d'or et d'argent est illimitée.

Comme nous l'avons dit (p. 84) le gouvernement se réserve l'émission de la monnaie de cuivre [1].

[1] Consulter, pour tout ce qui est relatif à la monnaie, le troisième volume du *Cours d'Economie politique* de M. Michel Chevallier, in-8⁰, chez Capelle, éditeur, rue des Grès.

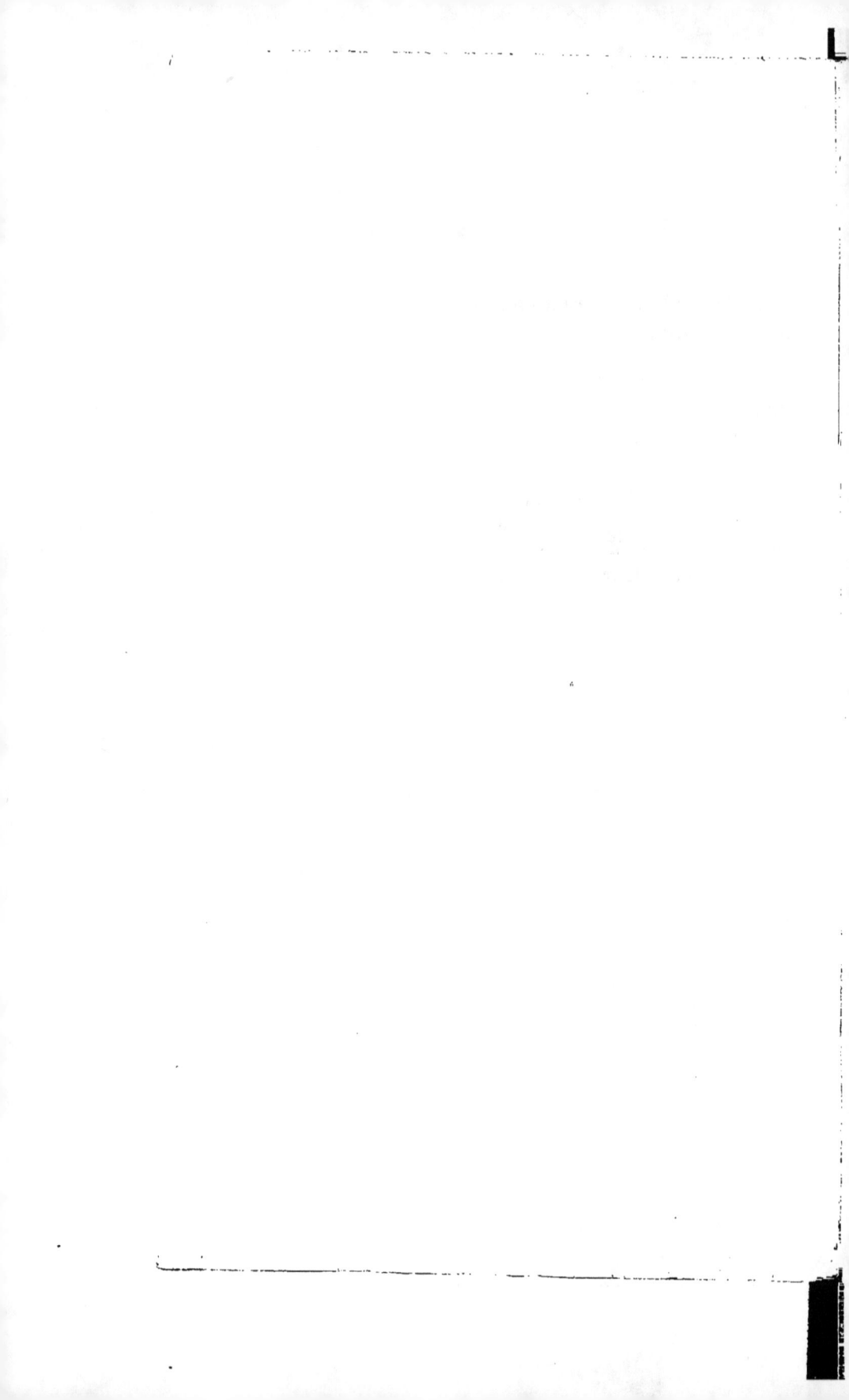

CHAPITRE VIII.

CALCUL DES MESURES MÉTRIQUES. — RAPPORT DES MESURES MÉTRIQUES ENTRE ELLES.

Calcul des mesures métriques.

La numération ou formation des mesures métriques, on l'a vu par les exposés des chapitres précédents, n'est qu'une application de la numération décimale des nombres entiers et des fractions décimales.

Les quatre opérations arithmétiques fondamentales, c'est-à-dire les quatre Règles, pour des nombres exprimant des subdivisions métriques, sont absolument les mêmes que celles des fractions décimales, qui ne diffèrent des quatre règles des nombres entiers que par le maniement si simple de la virgule, surtout dans les trois premières règles.

Il en est de même de l'extraction des racines carrée et cubique.

L'exposé de ces diverses règles forment la première partie de tous les traités d'arithmétique [1].

Il n'y a pas de comparaison à établir entre la facilité et la brièveté de ces opérations quand les nombres sont à subdivisions décimales, et la complication qu'elles présentent avec des nombres à subdivisions complexes (comme étaient celles des anciennes mesures françaises, comme sont celles des mesures dans les pays où le système décimal n'est pas adopté), et avec des nombres suivis de fractions ordinaires. Dans le premier cas, les calculs ne diffèrent pas de ceux des nombres entiers; dans le second, ils nécessitent des séries d'opérations plus longues, plus compliquées, plus sujettes à erreur.

Nous nous bornerons à rappeler :

[1] Voir en particulier notre *Traité d'arithmétique*, dont la première édition est épuisée depuis longtemps et dont la deuxième édition est en préparation.

Qu'un nombre fractionnaire décimal est multiplié par dix, cent, mille, etc., par l'avancement de la virgule de un, deux, trois, etc., rangs de la gauche vers la droite.

Qu'il est divisé par dix, cent, mille, etc., ce qui revient à dire qu'il est rendu dix fois, cent fois, mille fois, etc., plus faible par l'avancement de la virgule de un, deux, trois, etc., rangs de la droite vers la gauche.

Qu'il change de nom, sans changer de valeur, si on y ajoute ou si l'on en retranche un ou plusieurs zéros, ainsi que nous en avons donné de nombreux exemples et notamment (p. 14) en exposant la nomenclature des mesures métriques.

Que, dans l'*addition*, on sépare à la somme par une virgule autant de chiffres décimaux à droite, qu'il y en a dans celui des nombres qui en contient le plus.

Que, dans la *soustraction*, on sépare, à la droite de la différence, autant de chiffres décimaux qu'il y en a dans celui des deux nombres qui en contient le plus.

Que, dans la *multiplication*, on sépare au

produit, à droite, autant de chiffres décimaux qu'il y en a dans les deux facteurs.

Que, dans la *division*, on fait disparaître la
virgule du diviseur, en opérant par le changement de la virgule ou par l'addition de
zéros d'une manière analogue sur le divi-
dende ; — en mettant une virgule au quo-
tient dès que tous les chiffres du nombre
entier sont descendus ; et que l'on continue
soit en descendant un chiffre décimal, soit
en ajoutant un zéro.

Rappelons encore que toutes les fois
que l'on supprime un ou plusieurs chiffres décimaux, on les néglige purement et
simplement si le premier de ces chiffres
supprimés est plus petit que 5 ; — et qu'on
augmente le dernier chiffre conservé de 1
si le premier des chiffres supprimés est
égal à 5 ou plus fort que 5. — Ainsi :

645 fr., 2574 se réduisent à 645 fr. 26 c.
645 kil., 2574 se réduisent à 645 kil. 257 gr.

La raison en est simple. En négligeant
le 7 dans le premier cas, on fait une erreur de 7 dixièmes de centimes en moins ;
en mettant 1 centime de plus on agit comme

si, au lieu de 7, on avait 10, c'est-à-dire qu'on fait une erreur de 3 dixièmes en plus. Or, des deux erreurs, il vaut mieux faire la moindre. C'est ainsi que, dans le second cas, il vaut mieux négliger 4 dix-millièmes que de les considérer comme 10, ce qui reviendrait à mettre 6 dix-millièmes en plus. Quand le chiffre négligé est un 5, l'erreur en plus égale l'erreur en moins; mais on est convenu de faire l'erreur en plus.

Rapport des mesures métriques entre elles.

Toutes les mesures métriques étant dérivées du *Mètre*, et les nombres qui les expriment étant composés de multiples et de sous-multiples décimaux, il en résulte naturellement des rapports décimaux entre elles d'une extrême simplicité, et la faculté :

1° D'exprimer les Unités d'une série en les autres de la même série; par exemple, les Mètres en Kilomètres, — les Mètres en Centimètres; — les Hectares en Ares; —

6

les Litres en Hectolitres ; — les Kilogrammes en Hectogrammes et en Grammes, etc.,
et réciproquement ;

2° De convertir, pour ainsi dire à vue
d'œil, (en mettant une virgule, en la sup-
primant ou en la changeant de place, —
en ajoutant ou en retranchant des zéros),
les Unités de Surface et de Volume d'une
catégorie en unités d'une autre catégorie,
les mesures agraires en mesures de surface ordinaire (Ares et Hectares en Mètres
carrés), et réciproquement, — les mesures
de Capacité en mesures de Volume (Litres,
Hectolitres, etc.), en Mètres cubes et réciproquement, — les Poids pour l'eau (et
pour toute espèce de corps liquide ou solide, à l'aide du chiffre de sa densité [1]) en

---

[1] Les chiffres de densité que l'on trouve dans
les traités de physique, de chimie et quelque-
fois dans ceux de mécanique, de technologie, et
même dans ceux d'arithmétique (V. le nôtre,
indiqué p. 94) expriment les rapports entre les
poids des corps et celui de l'eau pris pour unité.
Exemple : le chiffre de la densité de l'or monnayé étant exprimé par le nombre 17,285, cela

mesures de Volume ou de Capacité (Kilo-grammes en Litres ou en Mètres cubes) et réciproquement; — les Monnaies elles-mêmes en Poids et réciproquement [1].

Sous ce rapport, aucun système de poids et mesures n'est comparable à celui-là.

Ces conversions, d'une extrême impor-

veut dire qu'un volume d'or pèse 17 fois et 285 millièmes de fois plus que le même volume d'eau distillée à $4^o,4$; ou bien que le litre d'eau pesant 1 kilogramme, le litre ou décimètre cube d'or pèse 17,285 fois plus, ou encore que le mètre cube d'eau pesant 1,000 kilogrammes, le mètre cube d'or pèse 17,285 kilogrammes.

[1] V., pour la conversion des Hectares, Ares, etc., en mètres carrés et réciproquement, p. 31; — des Stères en mètres cubes, décimètres cubes et réciproquement, p. 44; — des Hecto-litres, Litres, etc., en mètres cubes, décimètres cubes et réciproquement, p. 47; — des Kilo-grammes, etc., en mètres cubes et décimètres cubes et réciproquement, p. 66; — Des Kilo-grammes, etc., en Litres, Décilitres, etc., et réciproquement, p. 67; — pour le rapport des Monnaies aux Poids et réciproquement, p. 76; — Des Monnaies au Mètre, p. 85.

tance dans les arts, le commerce et la vie usuelle, facilitent extrêmement toutes les opérations de mesurage, d'arpentage, de toisé, toutes les opérations relatives aux dimensions des corps, au volume des solides, à la capacité des vases, bassins et contenances de toute espèce, au poids des corps soit liquides, soit solides [1].

Or, toutes ces opérations nécessitent avec les mesures qui ne sont ni métriques, ni décimales, l'emploi de rapports nombreux, difficiles à retenir, et donnent lieu à des calculs longs et embarrassants.

[1] Voir les Traités d'arpentage. — On trouve les moyens de mesurer les différentes surfaces et les différents volumes dans les ouvrages de géométrie élémentaire. Nous les avons reproduits dans notre *Traité d'arithmétique,* indiqué p. 94.

CHAPITRE IX.

MESURES QUI NE DÉRIVENT PAS DU MÈTRE MALGRÉ
LEUR APPELLATION. — DIVISION DU CERCLE.
— MESURE DU TEMPS.

*Mesures qui ne dérivent pas du Mètre
malgré leur appellation.*

Il y a plusieurs instruments dont le nom
pourrait faire supposer qu'ils ont un rapport avec le Mètre, mais qui ne dérivent pas de cette unité fondamentale et
ne font pas partie des mesures métriques
proprement dites, c'est-à-dire des mesures
les plus usuelles composant le système
métrique, ce sont :

Les *thermomètres* et les *pyromètres*, instruments pour mesurer, pour apprécier la
chaleur ; — le *baromètre*, instrument qui
indique la pression de l'atmosphère, et par

6.

induction le temps qu'il fera ; — les *aréo-mètres* ou *pèse-liqueurs*, ou instruments pour apprécier la densité des liquides ; — les *manomètres* et les *dynamomètres*, instruments pour mesurer la force de la vapeur et autres ; — les *hygromètres*, instruments pour mesurer l'humidité de l'air, etc., construits d'après diverses données naturelles, et pour lesquels on a adopté de préférence les divisions décimales.

C'est ainsi, par exemple, que sur le Thermomètre dit de *Réaumur*, l'espace compris entre le point 0, où le liquide s'arrête à la température de l'eau se congelant, et celui où il s'arrête au moment de l'eau en ébullition, est partagé en 80 degrés, tandis qu'il est partagé en 100 degrés dans le thermomètre dit *centigrade*.

Dans le Baromètre, l'échelle, anciennement divisée en pouces et lignes, est divisée en centimètres et millimètres ; de sorte que les variations de la colonne de mercure, dues à la pression de l'air sur la surface de la colonne de ce métal, s'effectuent généralement entre le 26e et le 29e pouce ou entre le 70e et le 78e centimètre environ [1].

Pour d'autres détails sur le Thermomètre, le Baromètre et les autres instruments que nous venons de nommer, voir les traités de physique.

Division du Cercle.

La division de la circonférence du cercle devait d'abord être, dans le système métrique et décimal, de 400 degrés ou *grades*, et le quart de 100 degrés, le degré de 100 minutes, la minute de 100 secondes, la seconde de 100 tierces, etc.

Ainsi, la circonférence de la terre, ou méridien, avait été partagée en 400 degrés, et l'une des distances du pôle à l'équateur

[1] Pour le *baromètre*, voir une notice dans le *Nouveau Journal des Connaissances utiles*, t. II, p. 239, par M. Schlegel, professeur de l'institution Jauffret.

(V. *fig.* 1, p. 18) en 100 degrés ; les instruments de précision étaient construits d'après ce système et des tables de calcul avaient été dressées conformément à cette division.

Le *degré* ou *grade décimal* du *méridien* valait 100 kilomètres ;

La minute, 1 kilomètre ou 1000^m ;

La seconde, 1 décamètre ou   10^m ;

La tierce, 1 décimètre   ou   0,1 ;

La quarte, 1 millimètre ou   0,001.

Mais comme les nombres 400 et 100, n'admettant pas autant de diviseurs que les nombres 360 et 60, sont moins commodes pour les calculs, on est revenu, pour les calculs astronomiques et trigonométriques et pour les appréciations géographiques, à l'ancienne division de la circonférence en 360 degrés et à celle du quart de la circonférence en 90 degrés de 60 minutes, de 60 secondes, de 60 tierces, de 60 quartes, etc.

Le degré s'indique par un petit °, — la minute par une ', — la seconde par ", — la tierce par ''', — la quarte par ''''.

D'après ces données, le quart de la circonférence de la terre a 90 degrés ou 10
millions de mètres.

90°	=	10.000.000	mètres.
	=	10.000	kilomètres.
1°	=	111.111	—
1′	=	1.851	—
	=	1851.851	mètres.
1″	=	30.864	—
1‴	=	0.514	—

Mesure du temps.— *Calendrier Français*
ou Républicain.

La Convention, qui révolutionnait la
France, voulut remplacer le calendrier en
usage dans la plupart des pays et dit *gré-
gorien* (par suite de corrections introduites
sous Grégoire XIII, en 1582), par un calendrier dit *républicain*, que l'on fit partir du
22 septembre 1792, jour de l'équinoxe de
septembre qui se trouva être ainsi, par un
singulier rapprochement, le jour de la pro-
clamation de la République et le premier
jour de l'*ère nouvelle*. Ce calendrier a été

en vigueur en France pendant une période de 14 ans.

Ce calendrier, caractérisé par la dénomination pittoresque et euphonique des mois [1], correspondant trois par trois à chacune des saisons; par le nombre régulier des jours de chaque mois (50 jours), et par la subdivision en 5 semaines ou décades de 10 jours [2], avait l'inconvénient de se trouver en désaccord avec les coutumes religieuses et les habitudes des populations. Il ne put prévaloir et cessa d'être en vigueur à partir du 1er janvier 1806 [3].

[1] Vendémiaire, Brumaire, Frimaire pour l'automne; — Nivôse, Pluviôse, Ventôse pour l'Hiver; — Germinal, Floréal, Prairial pour le Printemps; — Messidor, Thermidor, Fructidor pour l'Eté.

[2] Noms des jours : Primidi, Duodi, Tridi, Quartidi, Quintidi, Sextidi, Septidi, Nonidi, Decadi.

[3] Voir une notice dans notre *Traité d'arithmétique commerciale*, indiqué p. 94, et, dans le *Nouveau Journal des Connaissances utiles*, une notice de M. E. Renaudin, t. IV, p. 339.

Le calendrier, dit français ou républicain, n'avait pas de rapport avec le système
métrique. — Il était simplement décimal
quant à la division des mois en décades.

On avait aussi songé à introduire la division décimale pour les jours, et une loi
(du 4 frimaire an II) établissait que le jour
de minuit à minuit serait divisé en 10
heures, l'heure en 100 minutes, la minute
en 100 secondes. Mais cette disposition fut
ajournée indéfiniment par la loi du 7 avril
1795, et elle n'a jamais reçu aucune exé-
cution.

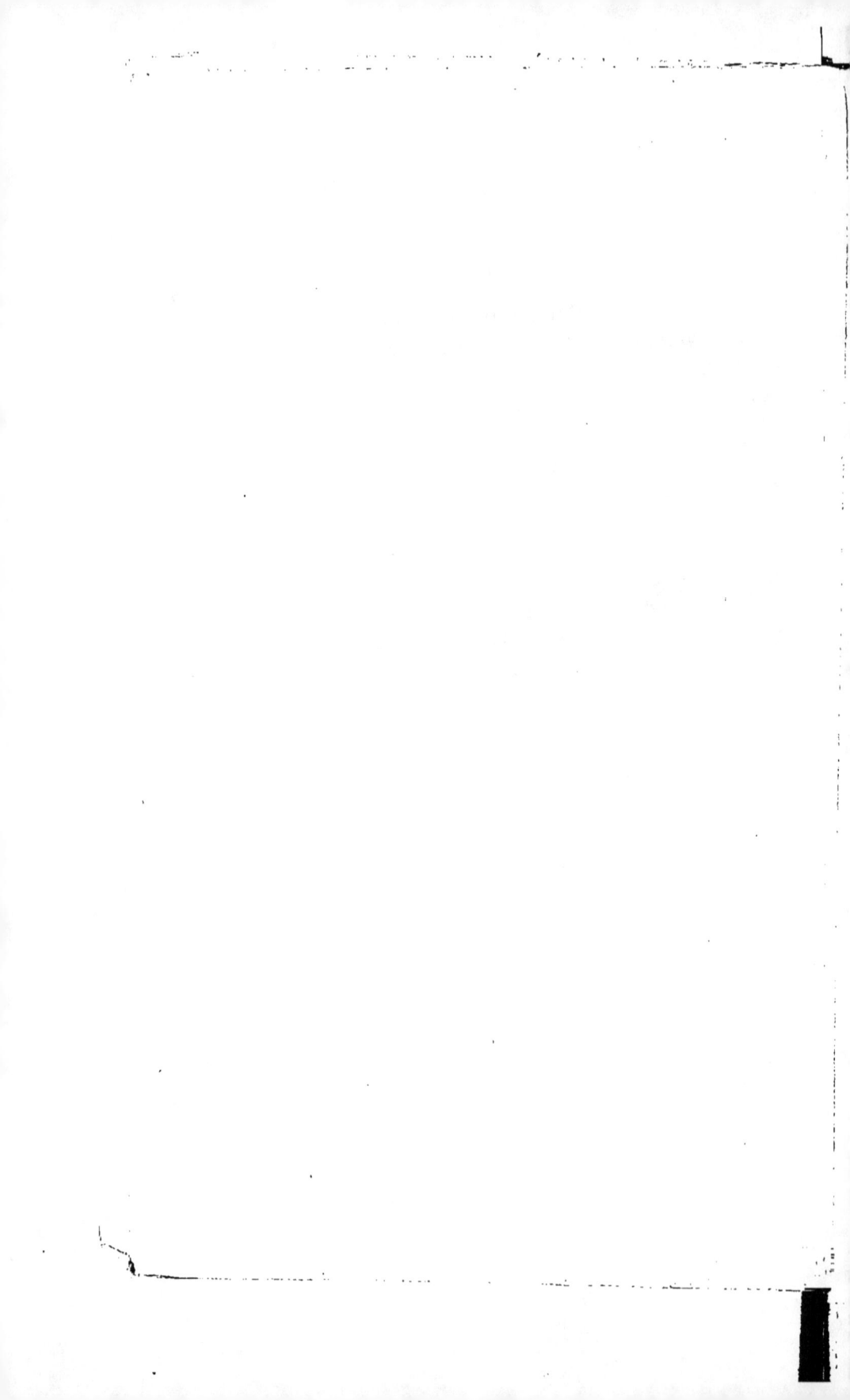

CHAPITRE X.

COUP D'ŒIL HISTORIQUE SUR LES ANCIENNES MESURES ET SUR LE SYSTÈME MÉTRIQUE.

Ancienneté du besoin d'uniformité dans les poids et mesures. — Réformes en France antérieures au système métrique. — Histoire du système métrique. — Premier système métrique. — Mesures transitoires dites *usuelles*. — Système définitif.

En jetant un coup d'œil historique sur les anciennes mesures, sur l'origine, la formation et la propagation du système métrique, nous aurons occasion de donner plusieurs indications non-seulement intéressantes, mais utiles à connaître pour avoir une idée complète du système des poids et mesures qui tend à se généraliser dans le monde entier.

*Ancienneté du besoin d'uniformité
dans les poids et mesures.*

La multiplicité et la diversité sont le caractère de la métrologie de tous les peuples dans le passé et de la plupart des nations contemporaines, de toutes celles, du
moins, qui n'ont pas opéré une réforme
semblable au changement que la Révolution a introduit en France. Or, multiplicité
et diversité en fait de poids et mesures sont
synonymes de complications, d'erreurs, de
longs calculs et de perte de temps.

En France, avant la réforme métrique,
les mesures variaient pour ainsi dire à l'in-
fini, souvent sous le même nom, d'une
province à l'autre, d'une localité à l'autre,
et dans plusieurs localités selon les marchandises. Il y avait plus de cinquante espèces de Livres ; on comptait par centaines
les mesures servant à évaluer la surface
des champs, les variétés de tonneaux pour
le vin et les autres boissons; en quelques

endroits, la dimension de l'Aune variait selon les tissus, le poids de la Livre selon les denrées. Dans toutes les provinces on retrouve encore l'usage de ces diverses mesures. Nous prenons la France pour exemple, nous pourrions prendre la plupart des autres pays. La complication des procédés et des moyens en toutes choses est un des caractères de la civilisation du passé ; la simplification est un des signes distinctifs entre le présent et le passé ; elle sera un des signes distinctifs entre l'avenir et le présent.

L'uniformité des poids et mesures, vers laquelle la France a fait, il y a soixante ans, un si grand pas, en donnant l'exemple qu'ont déjà imité quelques pays, a été un des besoins ressentis par les populations depuis des siècles ; et si la réforme date, pour ainsi dire, d'hier, les abus qui l'ont tant fait désirer sont bien anciens dans nos annales. Aux états de 1560, on demandait au gouvernement d'ordonner qu'il n'y eût pour toute la France qu'un seul poids, qu'une seule mesure. Il fut répondu « que

la charge de réduire les mêmes marchandises à même poids et mêmes mesures
avait été donnée à personnages d'expérience et probité, du travail et labeur des-
quels on espérait que les Français se res-
sentiraient en bref. » Ou cette Commission
ne fut pas nommée, ou son travail n'abou-
tit à rien, car, aux premiers Etats de Blois,
en 1576, on retrouve dans le cahier du
tiers état (art. 413) ce vœu : « que par
toute la France, il n'y ait qu'une aune, un
poids, une mesure, un pied, une verge,
une pinte, une jauge de tous vaisseaux de
vin ; pour toutes denrées, une mesure ; et,
pour ce faire, établir certain échantillon
d'une mesure et d'un poids, lequel sera
distribué pour chaque province. » Aux
seconds états de Blois, en 1588, même
vœu (art. 269), motivé sur « l'assurance du
trafic et du commerce, et pour retrancher
les abus qui se commettent à cause de la
diversité des mesures. » Il intervint, en
effet, à cette époque, diverses ordonnan-
ces dans le sens de l'uniformité ; mais aucune décision n'eut la portée d'une ré-

forme un peu radicale pour les poids et mesures. En ce qui concerne les monnaies, l'uniformité et l'unité se sont produites successivement avec la transformation du pouvoir féodal et son absorption par le pouvoir royal.

Réformes en France antérieures au système métrique.

Plusieurs seigneurs féodaux furent jaloux de frapper monnaie, et diverses espèces de livres s'étaient introduites dans la circulation. Philippe le Bel les prohiba toutes [1], à l'exception des monnaies *tournois* et *parisis*, frappées l'une à Tours, l'autre à Paris, qui eurent cours jusqu'en 1667 (sous Louis XIV), époque à laquelle la monnaie parisis, qui valait un quart en sus (20 sous parisis valaient 25 sous tournois), fut supprimée et l'unité monétaire établie pour toute la France.

[1] Philippe IV a régné de 1285 à 1315.

Une pareille réforme pour les poids et pour les mesures ne put s'établir pendant le dix-septième et le dix-huitième siècle : les astronomes s'occupèrent à diverses reprises, mais presque en vain, de cette question.

Les astronomes avaient besoin d'une unité de mesure qui fût basée sur une donnée fixe. On ne savait au juste quelle était et quelle devait être la dimension de la toise de *six pieds de roi* ou *de Paris*. L'étalon de la toise adoptée par Charlemagne n'est point arrivé jusqu'à nous, et il paraît qu'on l'a plusieurs fois remplacé par d'autres étalons, dont les longueurs ont été mal prises. En 1668, on porta remède à cette confusion; mais on a peu de détails sur cette réforme de la *toise* dite des *maçons*.

Comme l'ancien plan assignait 12 pieds à la largeur de l'arcade du vieux Louvre du côté de la rue Fromenteau, on trouva qu'il fallait réduire la toise en usage de 5 lignes et on fit une toise en fer qu'on fixa au bas du grand escalier du Châtelet, pour

servir de régulateur au commerce et à la
justice. Cette toise n'offrit bientôt plus
un étalon précis. Soixante-cinq ans après,
Godin ayant vérifié la toise qui devait
être employée à la mesure de l'arc du méridien, au Pérou, celle-ci servit à de La
Condamine pour mesurer cet arc, et fut
adoptée (1766), sur sa proposition, comme
étalon des mesures françaises, et, la même
année, il fut construit 80 toises sembla-
bles à la toise dite *du Pérou*, qui furent
envoyées aux procureurs généraux des
parlements et aux astronomes étrangers.

Dans le dix-huitième siècle, la réforme
des poids et mesures était donc réclamée
à la fois par les savants et par les populations : les uns allant à la recherche d'une
précision qui manquait aux anciens étalons, les autres pour mettre fin à des abus
de toute espèce.

Histoire du système métrique.

Le vœu d'une réforme des poids et mesures se trouva de nouveau exprimé avec

force dans plusieurs cahiers remis aux députés par le tiers état aux états généraux convoqués en 1789, et, le 8 mai 1790, sur la proposition de l'abbé Talleyrand, formulant un des divers desiderata de l'opinion publique, l'Assemblée Constituante rendit un décret d'après lequel le roi de France devait engager le roi d'Angleterre à adjoindre à une Commission d'académiciens français un pareil nombre de membres de la Société royale de Londres, pour déterminer l'unité fondamentale d'un système de mesures nouvelles que les deux nations s'engageraient à propager dans tous les Etats civilisés. Le gouvernement anglais, qui avait encore sur le cœur l'intervention de la France dans les affaires d'Amérique, fit la faute de ne pas répondre à l'intelligent appel de l'Assemblée Constituante.

La France se mit donc seule à l'œuvre ; une Commission de l'Académie des sciences composée de Borda, Lagrange, Monge et Condorcet, fut chargée de formuler un système de poids et mesures conforme aux

besoins du siècle et aux données de la
science. Cette Commission fit une première
ébauche d'un nouveau système, adopta
pour unité fondamentale et pour base du
système la dix-millionième partie du quart
de la circonférence de la terre et lui donna
le nom de *mètre* (V. p. 18 et *fig.* 1). Delambre et Méchain furent chargés de mesurer
sur la méridienne de Paris, la partie com-
prise entre Dunkerque et Barcelone. Par
suite des événements politiques, Condorcet
fut fatalement englobé dans la proscription
des Girondins, suivie de la Terreur, laquelle sacrifia, entre autres victimes, l'il-
lustre Lavoisier ; Monge fut appelé à diriger
la fabrication des canons, et une nouvelle
Commission, composée de Brisson, Borda,
Lagrange, Laplace, Berthollet et Prony,
reprit le travail de la première. Cette Commission, pressée par le gouvernement,
proposa, en se basant sur les mesures et
les calculs de l'abbé Lacaille, de fixer pro-
visoirement la longueur du mètre à 443 lignes, 44. La Convention, impatiente d'opé-
rer une réforme, consacra cette valeur par

le décret du 2 août 1793, et adopta un premier ensemble de poids et mesures, également formulé par la Commission scientifique.

Système métrique primitif.

Dans ce système, les mots *Déci, Centi, Milli* furent adoptés pour les sous-multiples des unités ; mais les mesures n'avaient pas toutes les noms qu'elles ont eus depuis, et le principe de la nomenclature n'était pas tout à fait aussi complet et aussi régulier que celui qui fut adopté définitivement. Voici, en effet, quelle était alors la série des nouvelles mesures :

Longueur.	Le *mètre* correspondait au	MÈTRE.
	Le *millaire*	—	au KILOMÈTRE.
Surfaces.	L'*are*	—	à l'ARE.
Volumes	Le *cade*	—	au MÈTRE CUBE,
et		au STÈRE et au KILOLITRE.
Capacités.	Le *cadil* ou *pinte* —	au LITRE.
Poids.	Le *gravet*	—	au GRAMME.
	Le *grave*	—	au KILOGRAMME.
	Le *bar* ou *millier* —	à 1,000 kilogr.
		(Tonneau).
Monnaies.	Le *franc*	—	au FRANC.
	Le *décime*	—	au *décime*.
	Le *centime*	—	au *centime*.

Ce système métrique primitif fut l'objet d'une remarquable *Instruction* (in-8°, an II) publiée par la Commission temporaire des mesures, instituée par décret du 11 septembre 1793, en remplacement de la Commission de l'Académie des sciences, supprimée elle-même par décret du 14 août, comme toutes les autres Sociétés savantes, en vue d'une réorganisation.

Ce système devait être mis en vigueur à partir du 1er juillet 1794 ; mais le décret du 2 août 1793 ne fut pas appliqué, et, huit mois après les événements de thermidor, un nouveau décret organique du 7 avril 1795 (18 germinal an III) modifia le système primitif, en arrêtant la nomenclature des unités de mesures telle qu'elle est aujourd'hui et en consacrant les mots de *myria*, *kilo*, *hecto*, *déca* pour les multiples : les mots de *déci*, *centi*, *milli* furent conservés, ainsi que, par exception, les mots *décime* et *centime*, déjà reçus par des décrets antérieurs et vulgarisés dans le public par la monnaie de cuivre.

Quant à la mise en vigueur, cette loi

l'ajournait encore, à cause du retard dans la fabrication des poids et mesures, et elle invitait « les citoyens à donner une preuve de leur attachement à l'unité et à l'indivisibilité de la République en s'en servant. » La même loi supprimait la Commission temporaire et instituait une Agence chargée d'activer la fabrication des mesures et les moyens d'en vulgariser l'usage.

Par suite des difficultés intérieures et des luttes avec l'étranger, les travaux de la réforme métrique demeurèrent suspendus jusqu'en 1799, époque à laquelle ou les reprit avec une extrême activité. La France fit appel à toutes les nations amies, et les engagea à envoyer des députés à un Commission française, composée de Borda, Brisson, Coulomb, Darcet, Delambre, Haüy, Lagrange, Laplace, Lefèvre-Gineau, Méchain et Prony. Les commissaires étrangers furent Æneæ et Van Swinden, de la république Batave ; Balbo, de la Savoie, remplacé plus tard par Vassali-Eandi ; Bugge, de Danemark ; Eiscar et Pedrayes, d'Espagne ; Fabbroni, de Toscane ; Fran-

chini, de la république Romaine ; Multedo,
de la république Ligurienne ; et Trallès, de
la république Helvétique. Une double Commission spéciale fut chargée de calculer la
longueur du mètre d'après la méridienne ;
une troisième prépara le kilogramme de
platine (le moins oxydable des métaux),
qui devait servir d'étalon ; et, le 22 juin
1799, la Commission générale des poids et
mesures présenta, par l'organe de Trallès, le résumé de ses travaux au Corps
législatif, ainsi que les prototypes du mètre et du kilogramme, qui furent placés
chacun dans une boîte en fer, fermant à
quatre clefs.

La loi du 19 frimaire an VIII (10 décem-
bre 1799) fixa définitivement la valeur du
mètre à 443 lignes, 296 et consacra de nouveau les autres mesures telles qu'elles
sont dans le système métrique actuel.

L'article 4 porte : « Il sera frappé une
médaille pour transmettre à la postérité
l'époque à laquelle le système métrique a
été porté à sa perfection, et l'opération qui
lui sert de base. L'inscription du côté prin-

cipal de la médaille sera : **A tous les temps, à tous les peuples**, et sur l'exergue on lira : **République française, An VIII.** »

Mesures transitoires dites usuelles.
Système définitif.

Mais le public ayant de la peine à se familiariser avec les mesures nouvelles, on imagina de *tolérer* l'application des noms anciens aux unités nouvelles. Une loi du 13 brumaire an IX, un an avant l'établissement du système définitif, permettait d'appeler du nom de *toise* le *mètre*, qui n'en était pas tout à fait la moitié ; de *lieue*, le *myriamètre*, qui vaut deux lieues et demie ; de *livre*, le *kilogramme*, qui est un peu plus du double ; d'*once*, l'*hectogramme*, qui en est plus que le triple.

On a critiqué (j'ai moi-même critiqué) cette tolérance ; mais elle n'eût peut-être eu que des avantages, car on se serait habitué à distinguer en disant : toise ancienne et toise nouvelle ou mètre ; livre ancienne et livre nouvelle ou kilogramme, etc., sans le décret de 1812 (12 février) qui vint autoriser, pour le détail, des mesures dites *usuelles* ou *transitoires*, et donner aux noms anciens une troisième signification bâtarde, et produire un résultat tout à fait funeste pour la vulgarisation du système métrique.

Le décret de 1812 permit d'employer pour les usages du commerce et sous les noms anciens des mesures qui n'étaient ni les nouvelles, ni les anciennes, mais qui se rapprochaient sensiblement des anciennes et dont la valeur en mesures métriques était exprimée en nombres ronds.

Ainsi la *toise* usuelle était exactement de 2 mètres [1], au lieu de 1^m,949, valeur de l'ancienne; l'aune usuelle était de 12 décimètres, au lieu de 1^m,188.

Il n'était rien changé aux mesures agraires. — Dans les mesures de capacité

[1] D'où l'usage d'une lieue de poste de 4,000 mètres au lieu de 3898; — d'un pied de 333,3 millimètres au lieu de 324,8.

on réintégrait le *boisseau,* valant exactement 1/8 d'hectolitre, soit 12 litres et demi
(12,5) au lieu de 13,008.

Pour les poids, il était créé une *livre*
pesant 500 grammes, au lieu de 489gr,505
que valait l'ancienne [1].

L'usage de ces mesures soi-disant usuelles et les confusions introduites par le décret de 1812 entre ces mesures et les mesures métriques, — entre ces mesures et
les mesures anciennes, qui seront longtemps encore dans les esprits, a légalement cessé à partir du 1er janvier 1840, en
vertu de la loi du 4 juillet 1837.

A partir de cette époque, les seules mesures officielles, reconnues en justice, en
cas de contestation, et dont l'usage se gé-
néralise de plus en plus, sont celles qui
constituent le système métrique définitif
et dont l'exposition détaillée fait l'objet de
cet écrit.

[1] D'où l'once de 31gr,25, a lieu de 30gr,59.
V. p. 65.

CHAPITRE XI.

UNIVERSALITÉ DU SYSTÈME MÉTRIQUE.

Avantages et caractères d'universalité du système métrique. — Objections qu'on lui a faites. — Son introduction dans les divers pays.

Avantages et caractères d'universalité du système métrique.

Les avantages qui ont fait adopter ce système sont, nous l'avons déjà dit :

Un rapport simple entre toutes les unités et l'unité de longueur basée sur un fait naturel, positif et invariable, la mesure de la circonférence de la terre.

La formation méthodique des multiples et des subdivisions d'après le système décimal;

D'où résulte une extrême simplicité de nomenclature et de calculs, qui n'est pas

à comparer avec les complications résultant de la multiplicité des anciennes
mesures et de l'inégalité de leurs rapports
et de leurs subdivisions en nombres complexes et en fractions ordinaires de séries
diverses.

Outre ces avantages inappréciables, le
système métrique a encore aujourd'hui celui d'être pratiqué en France depuis deux
tiers de siècle, d'avoir été adopté en tout ou
partie par plusieurs autres pays, et d'être
généralement employé par les hommes de
science. En 1855, le Congrès de statistique,
composé de délégués des diverses nations,
de tous les pays, émettait le vœu que dans
les documents officiels une colonne indi-
quât les quantités en mesures métriques à
côté des mesures spéciales de chaque pays.

Tout semble donc concourir à ce qu'il
soit adopté, plus ou moins complétement,
par tous les peuples; à devenir le *système métrique international et général*, et à
être comme une langue universelle dans

un temps rapproché de notre génération.

Il a, en effet, un caractère d'universalité remarquable : sa base a été prise sur la terre, la patrie commune; — ses divisions sont celles du système décimal, qui est le système arithmétique de tous les peuples; — les noms des mesures ont été tirés des deux langues anciennes auxquelles puisent toutes les littératures; — et la Commission chargée de formuler définitivement le nouveau système fut composée de notabilités scientifiques de tous les pays. C'est bien légitimement que les législateurs de l'an VIII, suivant l'esprit de la Constituante, des Commissions scientifiques et de la convention, le dédiaient *à tous les peuples* [1].

Objections faites au système métrique.

Les objections qu'on a pu faire à ce système ont disparu devant la pratique, ou se trouvent ne plus avoir qu'une impor-

[1] V. ci-dessus, p. 120.

tance tout à fait minime en présence des immenses avantages qu'il présente.

Première objection. — D'abord on dit d'une manière générale que rien n'est difficile comme de changer les habitudes des peuples particulièrement au sujet des poids et mesures.

Assurément la persistance des anciennes mesures dans les classes populaires est un fait qu'il ne faut pas méconnaître, mais qui ne doit pas empêcher le progrès, auquel il faudrait renoncer pour tout, car en tout la routine est vivace. Les marchandes de poisson de Marseille n'ont pas complétement oublié la livre phocéenne, il est vrai. mais elles ont aussi appris le rapport de cette livre avec le kilogramme.

Deuxième objection. — Les noms tirés du grec et du latin ont d'abord paru une difficulté insurmontable pour la vulgarisation dans les masses.

Comme ces nouveaux noms sont très-peu nombreux (treize) et qu'ils se reproduisent, en partie, les mêmes pour toutes les unités, la difficulté est moindre qu'elle ne paraît au premier abord, et l'expérience prouve qu'on peut en faciliter la vulgarisation en leur donnant pour synonymes les anciens noms appliqués aux nouvelles mesures.

Troisième objection. — On a objecté à la division décimale qu'elle excluait les subdivisions en demies, quarts, huitièmes, etc., et en tiers, sixièmes, douzièmes, etc., du système octaval et duodécimal, commodes dans la pratique et plus conformes à la nature des choses.

L'objection est juste à de certains égards; mais on peut dire que l'inconvénient est compensé par l'extrême facilité et la brièveté du calcul décimal.

Quatrième objection. — On a encore objecté que les unités du système métrique, s'éloignant des unités usitées dans les divers pays, jetaient de la confusion dans toutes les appréciations.

Cet inconvénient est vrai jusqu'à ce que les esprits se soient faits aux nouvelles unités; et il était inévitable, dans un système qui devait remplir les conditions de

régularité scientifique et d'universalité
que l'on s'est proposées en instituant le système métrique. Comment remplacer des
unités nombreuses, sans rapport entre
elles, se subdivisant diversement, sans s'é-
loigner plus ou moins de ces unités ? Cependant les rapprochements entre les anciennes et les nouvelles mesures de France
sont plus grands qu'on ne pourrait le croire
au premier abord. En effet, le Mètre se
trouve être environ la moitié de la Toise,
le triple du Pied ; — le Kilomètre est le
quart de la Lieue ; — l'Hectare vaut trois
Arpents ;—le Stère vaut une demi-Voie ;—
le Litre à peu près la Pinte et le Litron ;—
l'Hectolitre, un tiers du Muid ; — le Kilogramme, deux livres ; — le Franc une Livre. Il en serait, en général, de même, en
rapprochant les unités du système métrique des mesures des différents pays ; car,
malgré leur diversité, les systèmes de poids
et mesures ont de nombreuses analogies,
soit à cause de leur origine, soit à cause
de l'analogie des besoins des peuples.

Cinquième objection. — On objecte encore que l'unité fondamentale, le mètre, a été trouvé de grandeur différente par les astronomes qui ont mesuré le quart du méridien, et que cette inexactitude porte sur tout le système.

Il faut d'abord observer à cet égard que les différences de ces diverses mesures du méridien ne portent que sur des dixièmes de ligne ; en effet, il a été évalué à :

443,44 lignes, base du système provisoire, d'après les mesures de Lacaille ;

443,296 lignes, base du système définitif, d'après les deux Commissions (p. 119);

443,31 lignes, d'après les travaux de Biot et d'Arago ;

443,39 lignes, d'après des travaux plus récents, etc.

Ce n'est donc là qu'une question de précision scientifique, sans importance au point de vue métrique et commercial. Il y a aujourd'hui toute possibilité et nul inconvénient à fixer définitivement le mètre avec des étalons de platine. Ce point de départ du système n'a au surplus pas toute l'importance qu'on y attache. On

aurait pu prendre le Pied de roi, qui nous
vient de Charlemagne. Toutefois, il est à
remarquer qu'en prenant pour base une
fraction du méridien terrestre, comme en
prenant les noms des mesures dans le
grec et le latin, on n'a laissé aucune prise
aux amours-propres nationaux.

Introduction du système métrique
dans les divers pays.

Le système métrique a été plus ou moins
complétement adopté en Belgique, en Pié-
mont, dans la Zollverein (pour les poids),
en Espagne, en Portugal, dans la Nouvelle-
Grenade, au Chili, dans l'Equateur (1858),
à Costa-Rica (1858) [1].

Des efforts sont faits depuis quelque
temps pour le faire adopter en Angle-

[1] Le Mexique a également admis (1858) le
nouveau système métrique en principe.

terre [1], aux États-Unis et dans d'autres pays.

Dans tout pays où le système métrique n'a pas encore pénétré et où l'on redoute de l'introduire en bloc, deux réformes sont, en attendant, désirables :

L'adoption d'une seule unité pour chaque espèce de mesure, afin de se procurer les avantages de l'uniformité ;

L'adoption des subdivisions décimales, pour bonifier encore ce système.

Mais sans le système métrique on n'aura pas cette simplicité de rapports des mesures entre elles, si précieuse pour les calculs et les appréciations dans les sciences, les arts et le commerce.

Le plus souvent, dans chaque nation, les mesures de la capitale sont généralement

---

[1] Il s'est formé, en Angleterre, une association qui poursuit ce but avec une énergique persévérance.

usitées dans les provinces. Dans ce cas, il y
a possibilité et grand avantage à les adopter exclusivement. Dans le cas contraire,
on n'aurait pas plus de peine à vulgariser
le système métrique lui-même.

NOTES.

—

Remarque importante sur la confusion entre le décimètre carré et la dixième partie du mètre carré, entre le décimètre cube et la dixième partie du mètre cube, etc.

Nous croyons devoir insister sur un point de la numération des mesures métriques sujet à confusion.

De ce que le *décimètre*, le *centimètre* et le *millimètre* sont le *dixième* (0,1), le *centième* (0,01), le *millième* (0,001) du mètre, beaucoup de personnes ne se rendant pas bien compte des choses se figurent que le *décimètre carré*, le *centimètre carré*, le *millimètre carré* sont aussi la dixième, centième et millième partie du mètre carré, tandis qu'ils sont positivement la *centième* (0,01), la *dix millième* (0,00 01), la *millionième* (0,00 00 01) partie du mètre carré, ainsi que cela a été expliqué pages 25 et suivantes, à l'aide d'une figure.

De même pour le mètre cube. Le *décimètre*

cube, le *centimètre cube*, le *millimètre cube* ne sont pas la dixième, centième et millième partie du mètre cube, mais la *millième* (0,001), la *millionième* (0,000 001), la *billionième* (0,000 000 001) partie du mètre cube, ainsi que cela a été expliqué pages 33 et suivantes, à l'aide de figures.

C'est pour avoir ignoré ces différences que des confusions importantes ont été faites dans des marchés et des évaluations, et même dans des prescriptions légales.

Cette complication, il faut qu'on le remarque, tient à la nature des choses et ne provient nullement du système métrique. On la retrouve dans tous les systèmes de mesures ; le pied carré et le pied cube ne sont pas le sixième de la toise carrée ou cube, mais la trente-sixième (6×6) et la deux cent seizième $(6 \times \times 6 \times 6)$ partie.

Rapport des mesures métriques avec les anciennes mesures et les mesures usuelles.

Voyez les indications données pages 65, **121**, **122** et **123**.

Voir aussi notre *Traité d'arithmétique théorique et pratique*, p. 209 et suivantes, et p. 512 de la première édition ; la deuxième édition est en préparation.

TABLE DES MATIÈRES.

8.

CHAPITRE VIII.

CHAPITRE IX.

CHAPITRE X.

CHAPITRE XI.

NOTES.

FIN DE LA TABLE.

OUVRAGES DE M. JOSEPH GARNIER.

———

ÉLÉMENTS DE L'ÉCONOMIE POLITIQUE, exposé
des notions fondamentales de cette Science et
de l'Organisation économique de la Société, troisième édition française, refondue et augmentée.
Ouvrage adopté pour l'enseignement dans plusieurs Universités. — 1 fort vol. grand in-18,
3 fr. 50.

ABRÉGÉ DES ÉLÉMENTS DE L'ÉCONOMIE POLI-
TIQUE, premières notions sur l'Organisation de
la Société, la Production, la Répartition et l'Emploi de la Richesse, suivies d'un *Vocabulaire* des
termes d'Économie politique, de Finances, etc.,
et de la *Science du bonhomme Richard*. — 1 fort
vol. in-32, 2 fr.

ÉLÉMENTS DES FINANCES, suivis des ÉLÉ-
MENTS DE STATISTIQUE; de la Misère, l'Association et l'Économie politique; — Tableau des
causes de la Misère et des remèdes à y apporter;
— But et limites de l'Economie politique; — et
de *Notes diverses*. 1 fort volume, 3 fr. 50 c.

DU PRINCIPE DE POPULATION, Energie de ce
principe : — Avantages et maux qui peuvent
en résulter; — Obstacles qu'il rencontre ou
qu'on peut lui opposer; — Remèdes pour en
contre-balancer les effets; — Théories économiques, politiques, morales et socialistes auxquelles il a donné lieu; — Contrainte morale;
— Réformes économiques, politiques et sociales;
— Emigration, charité, socialisme; — Droit au
travail, etc. — 1 vol. in-18, 3 fr. 50 c.

NOTA. Ces quatre ouvrages constituent un Cours
d'études complet pour les questions qu'embrasse l'économie politique.

TRAITÉ DES MESURES MÉTRIQUES (*Mesures,
— Poids, — Monnaies*), Exposé succinct et complet du système français métrique et décimal,
avec un coup d'œil historique, et gravures
intercalées dans le texte. — Petit volume in-18,
1859; prix, 75 centimes.

NOUVEAU JOURNAL

DES

CONNAISSANCES UTILES

Publié avec le concours de plusieurs savants et hommes pratiques, Recueil d'économie
rurale, domestique, industrielle, des sciences
appliquées, etc., 7 fr. 50 c. par an, paraissant
depuis mai 1853, et formant, chaque année, un
volume grand in-8° à deux colonnes, avec *gravures*. 5 volumes ont paru. — Bureau, rue de
Provence, 3, à Paris.

Sous presse, la 2e édition

DU

TRAITÉ D'ARITHMÉTIQUE

THÉORIQUE ET PRATIQUE

CONTENANT

Les principes de cette science,
Et les applications aux calculs du commerce
et de la banque
Et aux Questions usuelles de la vie;

AVEC

Des Notices sur les mesures métriques
et les mesures anciennes,
Les intérêts et les escomptes,
L'application des Équations et des Logarithmes, etc ,

PAR M. JOSEPH GARNIER,

Ancien directeur des études,
Professeur a l'École supérieure du commerce,
Professeur à l'École impériale des ponts et chaussées, etc.

ET M. FRÉD. WANTZEL,

Ancien négociant,
Ancien professeur à l'École supérieure du commerce.

———

2e édition refondue, corrigée et augmentée

PAR M. JOSEPH GARNIER.

———

Un volume in-8°.

———

TYP. HENNUYER, RUE DU BOULEVARD, 7. BATIGNOLLES.
Boulevard extérieur de Paris.

www.ingramcontent.com/pod-product-compliance
Lightning Source LLC
Chambersburg PA
CBHW071914200326
41519CB00016B/4613